高等职业技术院校园林工程技术专业任务驱动型教材

园林植物基础

（第2版）

人力资源社会保障部教材办公室　组织编写

殷嘉俭／主编

中国劳动社会保障出版社

简介

本教材介绍了植物器官、植物分类、植物的生长发育规律及调节、园林植物与环境因子、土壤基本性质、园林植物营养及施肥技术等内容。教材设置了相应的实训，内容与生产实践联系紧密，使学习者能够学以致用。教材既可作为高等职业技术院校园林相关专业教材，也可作为从事园林工作人员的参考书、自学用书。

本教材由殷嘉俭任主编，安文杰任副主编，郭艳、侯艳霞参加编写。刘和审稿。

图书在版编目（CIP）数据

园林植物基础 / 殷嘉俭主编. —2版. —北京：中国劳动社会保障出版社，2017
高等职业技术院校园林工程技术专业任务驱动型教材
ISBN 978-7-5167-3030-0

Ⅰ.①园… Ⅱ.①殷… Ⅲ.①园林植物-高等职业教育-教材 Ⅳ.①S68

中国版本图书馆CIP数据核字（2017）第157094号

中国劳动社会保障出版社出版发行
（北京市惠新东街1号 邮政编码：100029）
*
北京宏伟双华印刷有限公司印刷装订 新华书店经销
787毫米×1092毫米 16开本 12.25印张 1彩插页 228千字
2017年7月第2版 2022年6月第5次印刷
定价：24.00元

读者服务部电话：（010）64929211/84209101/64921644
营销中心电话：（010）64962347
出版社网址：http://www.class.com.cn
http://jg.class.com.cn

前言

高等职业技术院校园林工程技术专业任务驱动型教材自出版以来，在学校的教学中发挥了重要作用。近年来，园林行业发展迅速，企业对从业人员的知识水平和职业能力也提出了更高的要求。为了适应这一变化，满足学校培养人才的需求，我们组织了一批教学经验丰富、实践能力强的教师与行业、企业专家，在充分调研的基础上，对现有教材进行了修订。

在内容上，新版教材仍然坚持以培养学生的四大能力，即园林工程施工技术能力、园林工程施工组织管理能力、园林测绘与设计能力、园林植物栽培养护及应用能力为目标，根据园林行业的现状和发展趋势以及企业的岗位需求，调整、更新了相关教材的结构和内容，体现行业新理念、新标准、新技术和新方法；根据教学需要增加了大量来源于园林工程实际的案例、实训和例题，以引导学生运用所学知识分析和解决实际问题。另外，为了更方便教学，此次修订将《园林花卉栽培与养护》分为《园林花卉》和《园林花卉识别》，《园林花卉》侧重于园林花卉的分类、习性、栽培养护及繁殖方法等，《园林花卉识别》侧重于园林花卉的形态特征与园林用途。

在表现形式上，新版教材充分考虑到学生的认知规律，通过设置"小知识""技能提示""知识链接"等不同栏目，增加教材的亲和力，激发学生的学习兴趣。同时，尽可能多地以图表代替冗长的文字叙述，使教材更加生动直观，易于学习。

本套教材的编写得到了有关省市人力资源和社会保障部门及一批高等职业技术院校的大力支持，教材的编审人员做了大量的工作，在此，我们表示诚挚的谢意！同时，恳切希望广大读者对教材提出宝贵的意见和建议。

人力资源社会保障部教材办公室

前言

目 录

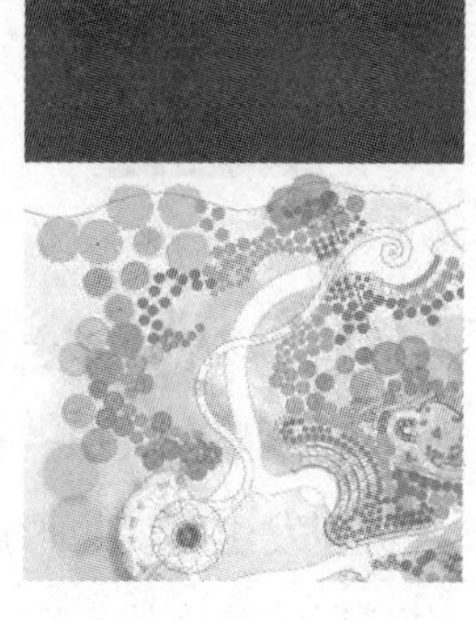

第一章

植物器官

种子植物的植物体在构造上一般具有根、茎、叶、花、果实、种子六种器官（见图1—1），其中根、茎、叶为营养器官，花、果实、种子为生殖器官。营养器官是构成植物体的主要部分，贯穿于整株植株的生命阶段；而生殖器官的存在时间短暂，只出现在生殖阶段。在结构和功能上，营养器官分化程度低，具有可塑性，易受环境变化的影响而发生变异；生殖器官分化程度高，具有较高的稳定性。本章的主要内容是各器官的形态、构造和主要功能等。

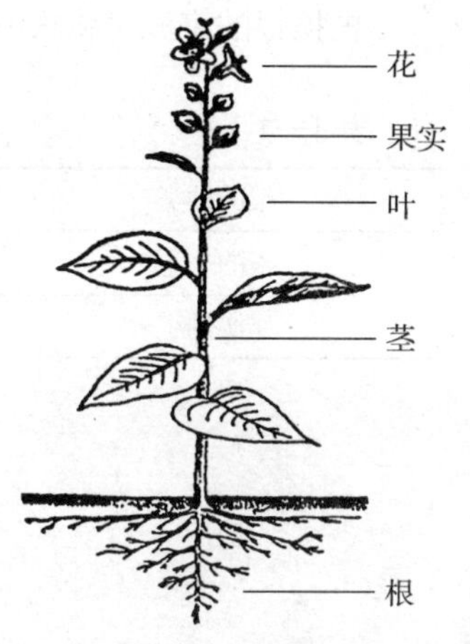

图1—1　种子植物的器官

第一节
根

教学目标

◇能识别根系的类型，掌握其主要功能

◇能用有关术语描述茎的形态特征

◇能识别双子叶植物根的初生构造和次生构造

◇熟悉植物根的变态种类

◇能识别根瘤与菌根

根是种子植物的重要营养器官，它的主要功能是吸收土壤中的水分及溶于水中的无机盐类，并把吸收到的物质输送到地上部分，根还能将植物固定于土壤中，起支持作用。根系中还可以合成一些小分子有机物质。此外，有些植物的根贮藏大量的营养物质，有些植物的根可以形成不定芽而具有繁殖作用等。根系在土壤中的分布与植物种类、土壤条件及人为因素都有关系。有些植物的根由于长期适应环境条件的变化，往往使器官原有的形态与功能发生改变，形成变态根。有些植物的根能和土壤中的微生物共生，形成对彼此双方均互利的共生体，即根瘤和菌根。

一、根的种类与根系

1. 根的种类

根据根的来源可将根分为定根和不定根两类，见表 1—1。

表 1—1　　根的种类

根的种类	定根	不定根
根的来源	胚根	茎、叶、胚轴等部位
实例	用松籽播种发育成的根	用枝条扦插繁殖产生的根
图片		

2. 根系的类型

根系是指一株植物体地下部分全部根的总体。根据起源和形态，种子植物的根系可分为直根系和须根系两种类型。二者的主要区别见表 1—2。

表 1—2　　直根系与须根系的主要区别

根系名称	直根系	须根系
根系组成	主根发达，粗壮，垂直向下伸长，侧根较细小，与主根有明显区别	主根不发达或早期停止生长，由茎的基部产生许多粗细相似的不定根，呈丛生状态
隶属植物	裸子植物和大多数双子叶植物	大部分单子叶植物
实例	菊花、合欢、白皮松	吊兰、竹、棕榈
图片		

二、根的构造

1. 根尖的分区

根尖是指从根的顶端到着生根毛的部分。不论主根、侧根还是不定根都具有根尖，它是根伸长生长、分枝和吸收活动的最重要的部分。根尖从顶端起，依次分为根冠、分生区、伸长区和成熟区（根毛区）四个区域，如图 1—2 和图 1—3 所示。各区域的主要特点及功能如图 1—4 所示。

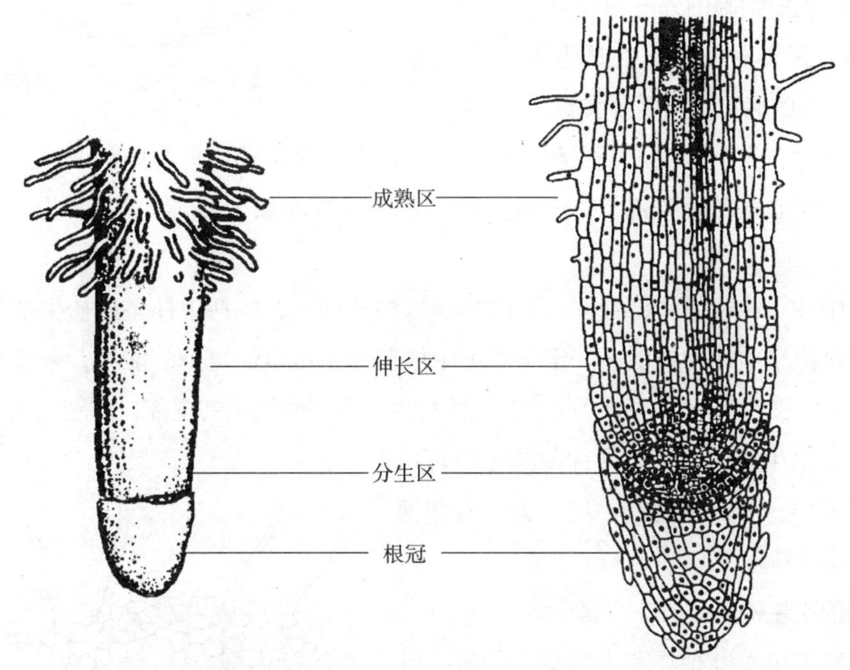

图 1—2　根尖各部分　　　　图 1—3　根尖纵切图解

- 根尖
  - 根冠
    - 位置：位于根尖的最先端
    - 功能：保护根冠内幼嫩的生长点，控制根的生长方向
      外层细胞壁常分泌粘液，能使土粒滑润，便于根尖向土壤中推进
  - 分生区
    - 位置：位于根冠内上方
    - 功能：不断进行有丝分裂增生新细胞
  - 伸长区
    - 位置：位于分生区上方
    - 功能：细胞显著伸长，体积增大，并开始分化；是根伸长生长的主要部位
  - 成熟区
    - 位置：位于伸长区上方
    - 功能：细胞逐渐停止伸长生长，并分化为各种组织；是根尖吸收的主要部位

图 1—4　根尖各区域的主要特点及功能

2. 根的初生构造

在显微镜下观察根尖成熟区的横切面，可以看到根的初生构造由外向内分化为表皮、皮层和中柱三部分。如图 1—5 所示为双子叶植物（刺槐）根的初生构造。

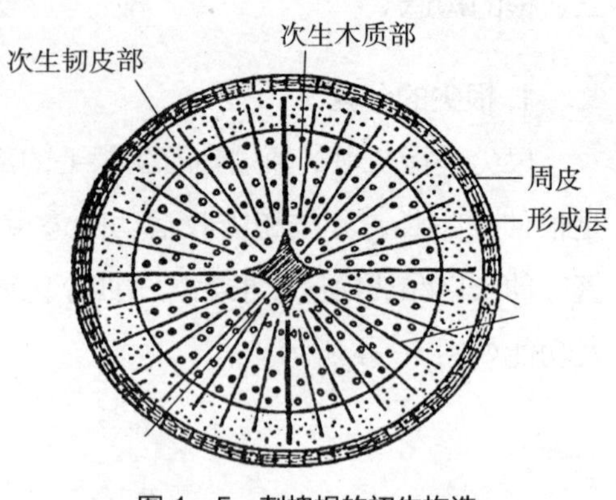

图 1—5　刺槐根的初生构造

（1）表皮　表皮是最外周的一层细胞，细胞排列紧密，细胞壁薄，水分和溶质可以通过，大多数表皮细胞的外壁向外突起伸长形成根毛。根毛区表皮细胞的主要功能是吸收功能，它比表皮的保护功能更为重要。

（2）皮层　皮层是位于表皮和中柱之间，由多层生活的薄壁细胞组成。皮层的最外层及最内层细胞排列较紧密，形态构造与中部细胞（中皮层）不同，分别称为外皮层和内皮层。

（3）中柱　中柱也称维管柱，是内皮层以内的部分，包括中柱鞘和初生维管束等部分。中柱鞘位于中柱的外围，一定条件下中柱鞘细胞可以恢复分裂能力，分裂产生形成层、木栓形成层和侧根等。初生维管束包括初生木质部和初生韧皮部，两者之间有薄壁组织，具有次生生长的植物，这种薄壁组织可以转化为形成层。有的植物在中柱中央具有由薄壁细胞组成的髓。

3. 根的次生构造

大多数的单子叶植物和少数草本的双子叶植物，它们的根只有初生构造，一直保持到植物死亡为止。而裸子植物和大多数的双子叶植物，它们的根不仅有初生构造，而且还能增粗生长产生次生构造（见图 1—6）。

次生构造是由次生分生组织——形成层和木栓形成层不断进行旺盛的分裂活动产生的，包括由形成层活动产生的次生维管组织和由木栓形成层活动产生的周皮（木栓层、木栓形成层和栓内层）。在初生构造基础上进一步发育成次生构造的图解如图 1—7 所示。

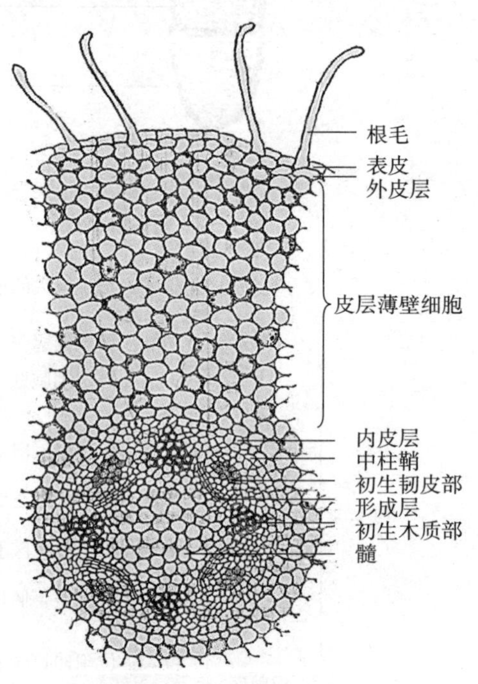

图 1—6　根的次生构造

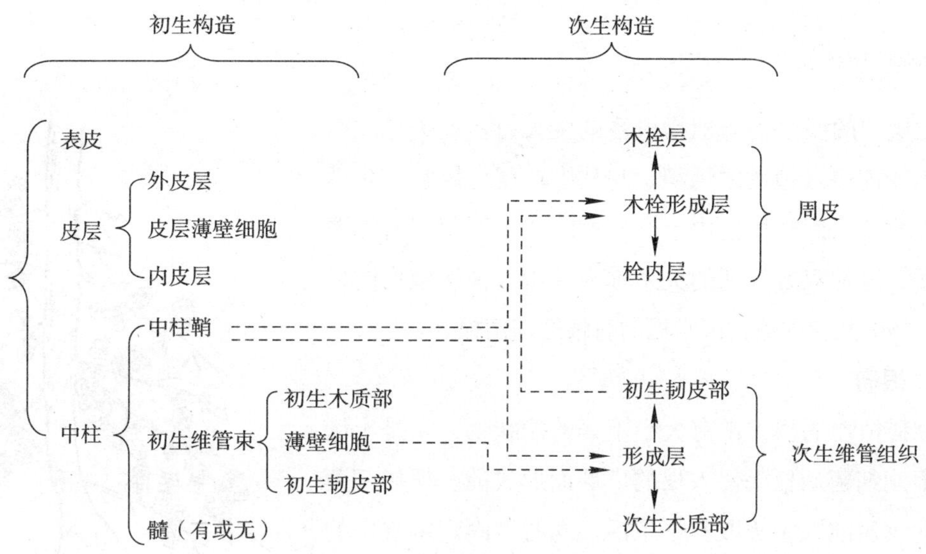

图 1—7　根初生构造与次生构造

三、根的变态

植物的营养器官由于长期适应环境条件的变化，往往使器官原有的形态与功能发生改变，成为该种植物的遗传特性，并已经成为这种植物的鉴别特点，这种变异称为变态。根的主要变态类型见表 1—3。

表 1—3　　根的变态

变态类型	贮藏根	气生根	寄生根
形态特征	肥大肉质或块状	能在空气中生长的不定根	寄生植物缠绕在寄主植株上，同时产生很多吸器伸入寄主体内的不定根
主要功能	贮藏大量的营养物质，供抽茎、开花或繁殖所需	支持、呼吸或攀缘作用	吸收寄主体内的水分和养料
实例	天门冬、大丽菊、萝卜	常春藤、榕树、玉米	菟丝子、桑寄生、槲寄生
图片			菟丝子的花 菟丝子的茎 女贞的茎

四、根瘤与菌根

土壤中的微生物与植物根系的生长有密切关系。有些微生物能侵入植物的组织，并从中取得可供它们生活的营养物质，而植物也由于微生物的作用而获得所需要的物质，这种双方互利的关系称为共生。种子植物的根与微生物的共生现象，最常见的有根瘤与菌根。

1. 根瘤

豆科植物的根上常有大小不等的瘤状物，它是土壤中的根瘤细菌从根毛侵入根的皮层而形成的。根瘤细菌从根的皮层细胞中吸取养分生活，同时能固定空气中的游离氮，供植物生长利用，而且还可以增加土壤的氮含量。因此，生产上常栽种豆科植物以提高土壤肥力，即“种豆肥田”。

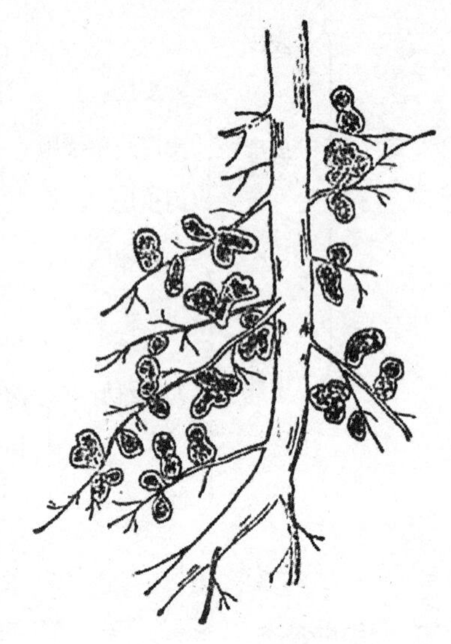

图 1—8 根瘤

除豆科植物外，还有一些植物如苏铁、罗汉松、胡颓子等，它们的根上也有根瘤的形成（见图 1—8）。

2. 菌根

自然界中，不少高等植物的根尖与真菌共生，这种同真菌共生的根称为菌根。根据菌丝在根中存在的部位不同，菌根可分为三种类型：

（1）外生菌根 真菌在幼根表面发育，它的菌丝常包在根尖外面形成一外套，部分菌丝侵入表皮和皮层细胞的细胞间隙内，菌丝代替了根毛的作用，扩大了根的吸收面积，提高了根系吸收水分和养分的效率，如毛白杨、马尾松、云杉等（见图 1—9）。

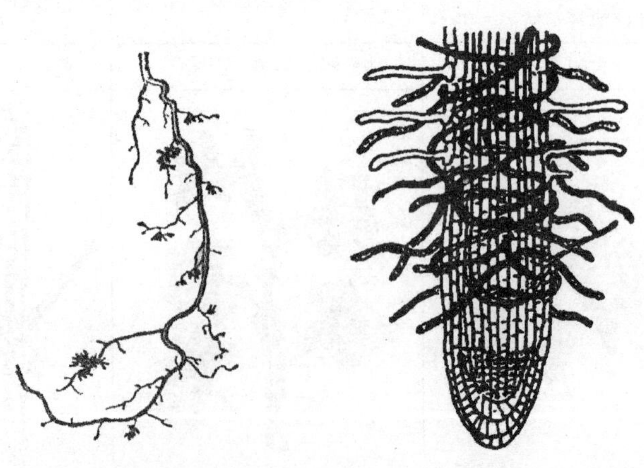

图 1—9 外生菌根（形态图及解剖构造图）

（2）内生菌根　真菌的菌丝侵入到皮层的细胞腔内和细胞间隙中，根尖仍具根毛，其主要功能在于促进根内物质的运输，加强吸收功能，如银杏、核桃、五角枫、梣叶槭等（见图 1—10）。

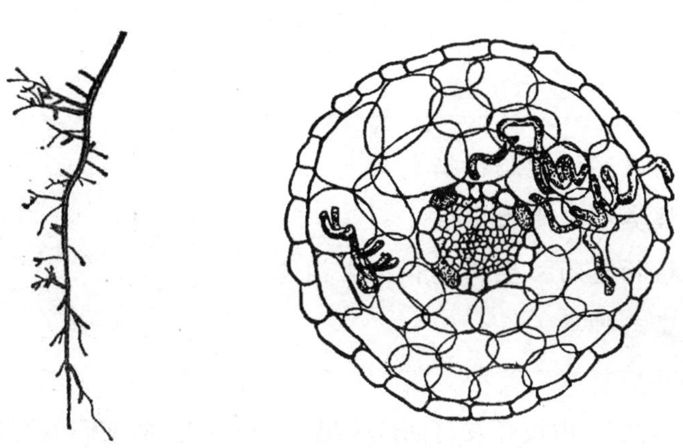

图 1—10　内生菌根（形态图及解剖构造图）

（3）内外生菌根　有一些植物的根尖，真菌的菌丝不仅包围着根尖，而且也能侵入皮层细胞的细胞腔内和细胞间隙中，称为内外生菌根，如桦木属植物。

真菌与高等植物的共生，不仅能加强根的吸收能力，而且能分泌多种水解酶，促进根周围有机物质的分解。同时，真菌还可以分泌维生素 B_1，刺激根系的发育。所以，有些树木如马尾松、栎等，如果缺乏菌根，就会生长不良。在生产实践中需用菌根菌接种，使苗木长出菌根，从而提高树苗的成活率，加速其生长发育。

思考与练习

1. 如何区别直根系与须根系？请举例说明。根系在土壤中的分布情况在生产上有何意义？

2. 根尖可分为几个区域？各区域有何特点和功能？

3. 双子叶植物根的初生构造有何特点？

4. 根的主要生理功能有哪些？

5. 根瘤是怎样形成的？主要作用是什么？

第二节
茎

教学目标

◇能用有关术语描述茎的形态特征
◇能识别茎的分枝类型与生长习性
◇能识别双子叶植物茎的初生构造和次生构造
◇熟悉植物茎的变态种类

茎是植物体的支柱，由枝芽发育而成（见图1—11）。茎支撑植物体的叶、花、果实向四面空间伸展，支持植物体对风、雨、雪等不利自然条件的抵御；还能把根所吸收的物质，输送到植物体的各个部分，同时也能把植物在光合作用过程中的产物输送到植物体所需的各个地方；有些植物的茎还有贮藏营养物质和繁殖的作用。

一、茎的形态

1. 茎的基本形态

大多数种子植物茎的外形为圆柱形（见图1—12），少数植物的茎有其他形状，如莎草科植物的茎为三棱形，唇形科植物的茎为方柱形，仙人掌科植物的茎为扁圆形或多角柱形等。

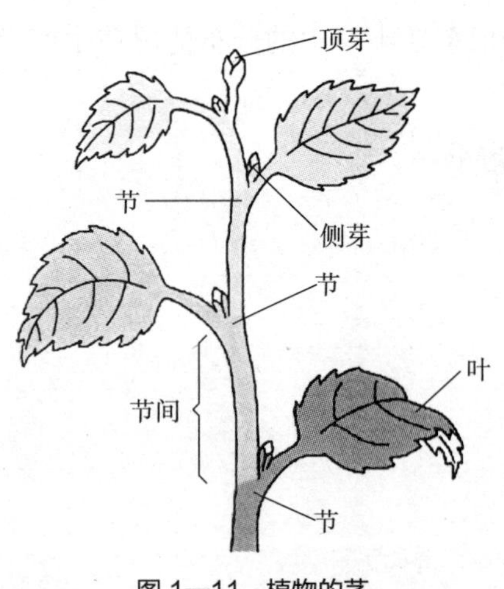

图1—11　植物的茎

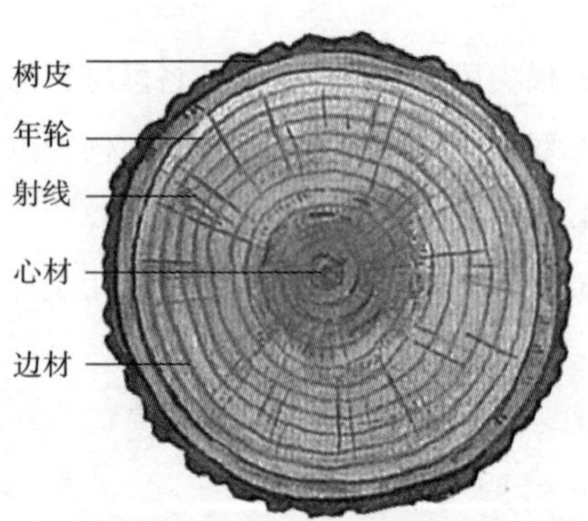

图1—12　木本植物茎的横切面

茎上着生叶的部位，称为节。两个节之间的部分，称为节间。着生有叶片和芽的茎，称为枝条。叶片与枝条之间所形成的夹角称为叶腋，叶腋处和茎顶端常生有芽。多年生落叶乔木和灌木，当叶子脱落后，在枝条上留下的疤痕（叶柄痕迹）称为叶痕。叶痕中的小突起是叶柄和枝条之间的维管束断离后残留下的痕迹，称为叶迹（又称维管束痕）。春季顶芽萌发时，鳞芽外面包被的鳞片脱落，在枝条上留下许多密集的痕迹，称为芽鳞痕。芽鳞痕环绕在枝条周围，根据它可以辨别茎的生长年龄和生长量。在木本植物的枝条上还有皮孔，它是茎内组织与外界进行气体交换的通道（见图 1—13）。

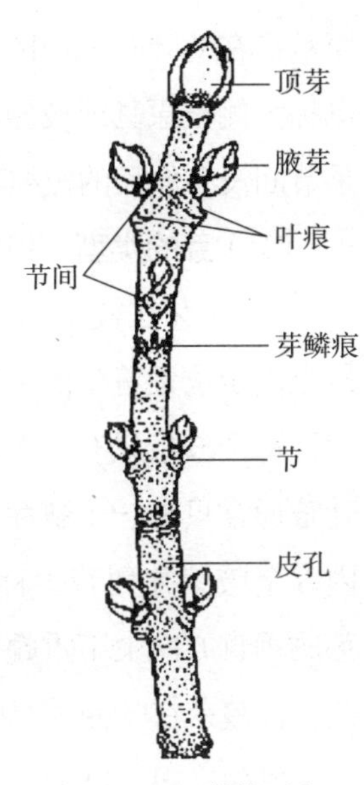

图 1—13 茎的形态

节间较长的正常枝条，称为长枝；节间短缩，各个节间紧密相接，甚至难于分辨的枝条，称为短枝，如银杏、金钱松、雪松、梨和苹果等均有明显的长短枝之分（见图 1—14、图 1—15）。有些草本植物节间短缩，叶排列成基生的莲座状，如马蔺、车前、蒲公英等（见图 1—16）。

图 1—14 银杏的长短枝

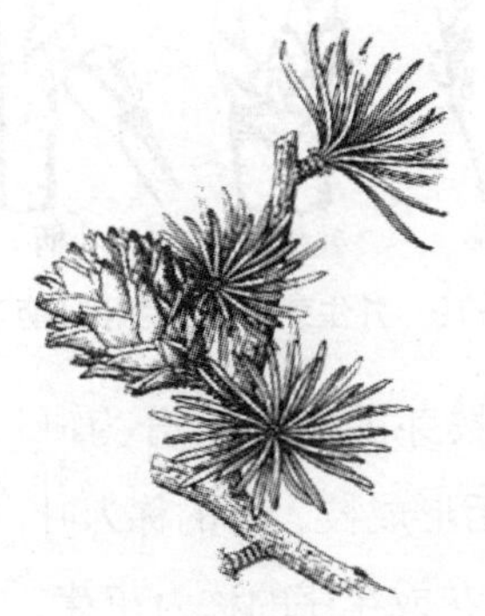
图 1—15 金钱松的长短枝

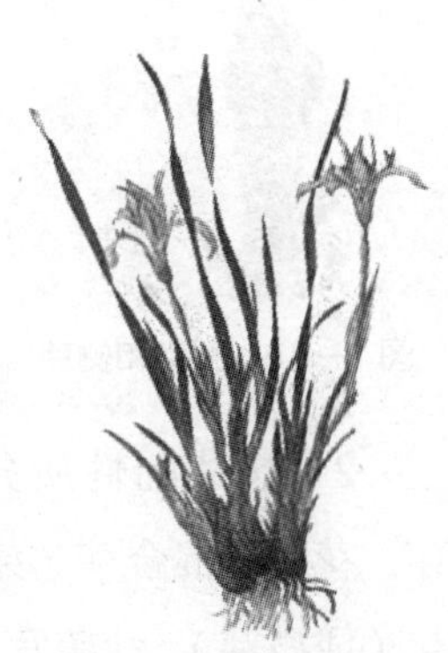
图 1—16 马蔺的短枝

2. 芽的构造和类型

（1）芽的构造　芽是叶片、枝、花或花序尚未发育前的雏体。以枝芽为例，说明芽的一般构造（见图 1—17）。

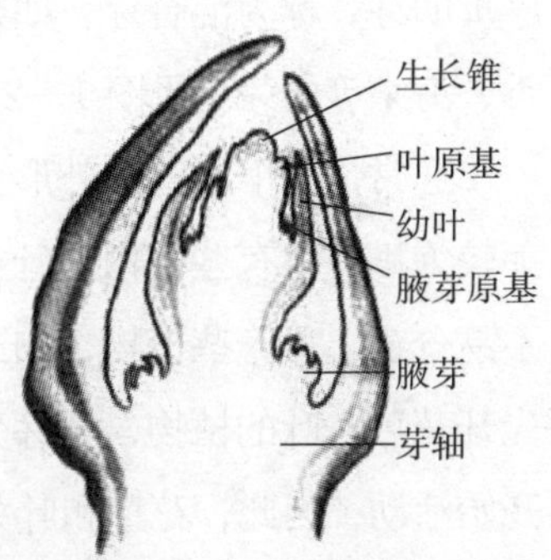

图 1—17 芽的构造

将一叶芽纵切，在显微镜下观察，可以看到顶端分生组织（生长锥）、叶原基、幼叶、腋芽原基和芽轴五个部分。顶端分生组织位于叶芽上端，叶原基是近顶端分生组织下面的一些小突起，是叶的原始体。由于芽的逐渐生长和分化，叶原基越向下越长，位于较下面的已长成较长的幼叶。腋芽原基是在幼叶叶腋内的小突起，将来形成腋芽，腋芽以后会发育成侧枝，因此，腋芽原基也称为侧枝原基或枝原基。枝芽内叶原基、幼叶等各部分着生的轴，称为芽轴，它实际上是节间没有伸长的短缩茎。

（2）芽的类型　植物的芽根据其生长位置、性质、结构和生理状态可分为多种类型。

1）按芽在枝上的生长位置分类。按芽在枝上的生长位置可分为定芽和不定芽。在枝条上固定位置着生的芽称为定芽，定芽又可分为顶芽和腋芽两种。着生在枝条顶端的叫顶芽，每个枝条只有一个顶芽。着生在枝条叶腋处的叫腋芽（或侧芽）（见图 1—18），每个叶腋通常只有一个腋芽，但有些植物腋芽却不止一个，如金银花、桃、桑等。桃树的叶腋内 3 个腋芽并列着生称为并生芽，其中位于中央的为主芽，两侧的为副芽；叶腋内 2 个芽成垂直方向上下重叠而生，称为叠生芽，如紫穗槐、野茉莉等。有的腋芽生长的位置较低，被覆盖在叶柄基部内（见图 1—19）。

发生在根、叶或茎的其他部位（枝顶或叶腋外）的芽，称为不定芽。如落地生根和秋海棠叶上的芽，榆、刺槐等生在根上的芽，桑、柳等老茎或创伤切口上产生的芽等，都称为不定芽（见图 1—20）。

图 1—18　顶芽和侧芽

图 1—19　并生芽、叠生芽和叶柄下芽

图 1—20　秋海棠的不定芽

2）按芽的性质分类。按芽的性质可分为叶芽、花芽和混合芽。芽萌发后形成枝、叶的称为叶芽（或枝芽）。芽萌发后形成花或花序的称为花芽。一个芽既可以发育成枝、叶又可以发育成花（或花序）的芽，称为混合芽，如梨、苹果、石楠、白丁香、海棠等的芽（见图 1—21）。

通常情况下，叶芽外形上较瘦削，花芽和混合芽较饱满，但有些植物的叶芽和花芽，在外形上却不易分辨。另一些植物，如玉兰、紫荆等，它们是先开花后长叶的植物，花芽先开展，开花后叶芽才开始活动，因此，花芽和叶芽极易分辨。

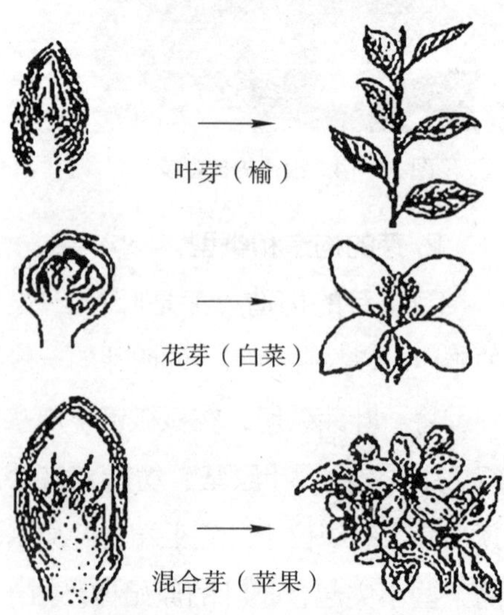

图 1—21　叶芽、花芽和混合芽

3）按芽鳞的有无分类。按芽鳞的有无可分为鳞芽和裸芽。多数多年生木本植物的越冬芽，外面有鳞片（或芽鳞）包被，称为鳞芽（或被芽），如悬铃木、杨、桑、玉兰等（见图 1—22）。所有一年生植物、多数二年生植物和少数多年生木本植物的芽，越冬芽外面没有芽鳞包被，称为裸芽，如枫杨、苦木等，裸芽的幼叶裸露，但叶上通常密被绒毛用以防寒（见图 1—23）。

图 1—22　鳞芽

图 1—23　裸芽

4）按芽的生理活动状态分类。按芽的生理活动状态可分为活动芽和休眠芽。活动芽是在生长季节萌发的芽，即能在当年生长季节形成枝、叶、花或花序的芽。一般一年生草本植物，当年由种子萌发生出的幼苗，逐渐成长至开花结果，植株上多数芽都是活动芽。温带的多年生木本植物，一般只有枝条上部或中部的芽萌发形成枝叶或花，这类芽称为活动芽。而距顶芽较远的腋芽不萌发，保持休眠状态，称为休眠芽或潜伏芽。

休眠芽的形成，为植物衰老期更新复壮做好了准备，从而延长植株寿命，是植物长期适应外界环境的结果。

二、茎的分枝方式与生长习性

1. 茎的分枝方式

分枝是植物生长普遍的现象，木本植物除棕榈科等植物外，其他植物都具分枝。茎的分枝能增加植物的体积，充分地利用阳光和外界物质，有利于繁殖后代。顶芽与腋芽发育情况不同，可以形成不同的分枝方式，概括起来可分为四种类型（见图 1—24）。

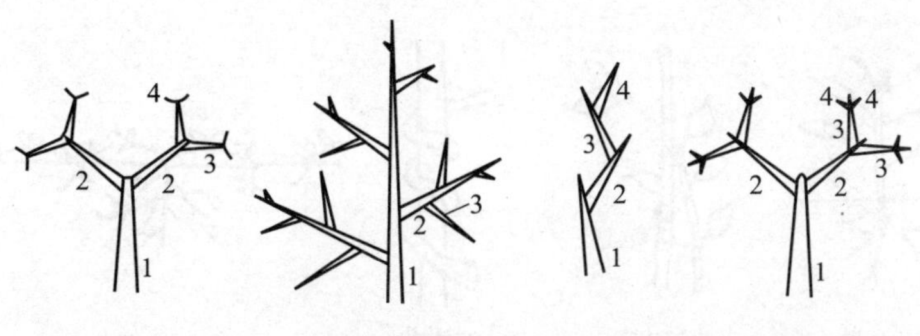

图 1—24　分枝类型（数字表示分枝的级次）

（1）二叉分枝 二叉分枝是较原始的分枝方式。分枝时顶端分生组织平分为两半，每半各形成一小枝，小枝经过一段时间生长后，又进行同样的分枝。二叉分枝多见于低等植物，在部分高等植物中，如苔藓植物的苔类和蕨类植物的石松、卷柏等也存在。

（2）单轴分枝（总状分枝） 主干的顶芽生长始终占优势，形成通直的主干，主干上的侧芽萌发形成侧枝，侧枝以同样的方式依次进行分枝，各级分枝由下向上依次形成尖塔形、圆锥形树冠。多数裸子植物如松、柏、杉等，部分被子植物如杨、山毛榉等，均为单轴分枝。单轴分枝的木材高大挺直，适于建筑、造船等用。

（3）合轴分枝 合轴分枝是具有互生叶树木的分枝方式。主干的顶芽生长到一定时期即停止生长或分化为花芽，由靠近顶芽下方的侧芽代替其继续生长，以后的生长依此类推，最后形成多折的主轴，称为合轴分枝，大多见于被子植物如桃、李、苹果、梧桐、无花果、桉树等。合轴分枝植株的上部或树冠呈开展状态，既提高了枝、叶的支持和承受能力，又使枝、叶繁茂，通风透光，有效地扩大光合作用面积，是先进的分枝方式。

（4）假二叉分枝 假二叉分枝是有对生叶树木的分枝方式。当主干生长到一定时期，顶芽不再发育或形成花芽，由顶芽下面的两个侧芽同时迅速发育，形成两个叉状的分枝，每个分枝的生长依此类推，称为假二叉分枝。假二叉分枝多见于被子植物，如丁香、茉莉、接骨木、石竹、繁缕等。

分枝现象的普遍存在，反映了植物体对外界环境条件的适应性。裸子植物大多为单轴分枝，被子植物大多为合轴分枝和假二叉分枝。有些植物在同一植株中兼有几种分枝方式，如玉兰、女贞等。人类利用植物的分枝方式，适当地加以控制，可使植物朝着人类所需要的方向发展。

2. 茎的生长习性

植物的茎在长期的进化过程中，为适应外界环境，使叶尽可能地充分接受日光照射，制造自己生活需要的营养物质，并完成繁殖后代的生理功能，形成了以下四种主要的生长习性（见图 1—25）。

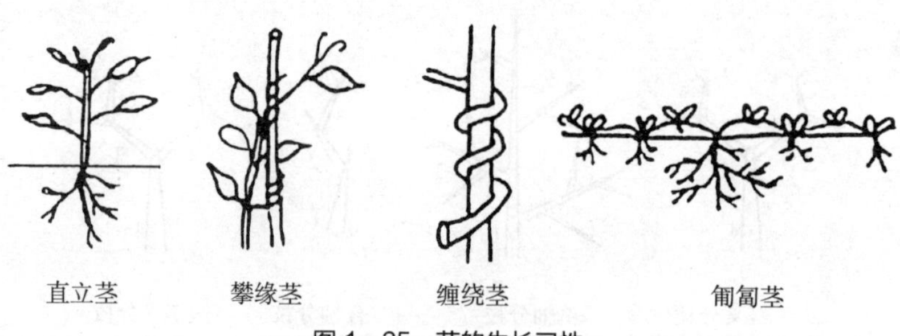

图 1—25 茎的生长习性

（1）直立茎 大多数植物的茎背地面而生，直立向上生长，如松、柏、杨、柳等。

（2）**攀缘茎**　茎幼时较柔软，不能直立，以特有的结构攀缘他物上升。按其攀缘结构的性质，又可分为：以卷须攀缘的，如葡萄、乌蔹莓等；以气生根攀缘的，如常春藤、络石等；以叶柄攀缘的，如旱金莲、铁线莲等；以钩刺攀缘的，如白藤等；以吸盘攀缘的，如爬山虎等。

（3）**缠绕茎**　茎幼时较柔软，不能直立，以茎本身缠绕于支持物上升。缠绕茎的缠绕方向，有些是左旋的，即按逆时针方向缠绕，如茑萝、牵牛、马兜铃等；有些是右旋的，即按顺时针方向缠绕，如忍冬等。此外，有些植物的茎既可左旋，也可右旋，称为中性缠绕茎，如何首乌等。

具有缠绕茎和攀缘茎的植物统称藤本植物。热带、亚热带森林里藤本植物生长特别茂盛，形成森林内的特有景观。

（4）**匍匐茎**　茎细长柔弱，沿着地面蔓延生长，如草莓、酢浆草、虎耳草等。匍匐茎一般节间较长，节上能生不定根，进而形成一株新的植株。生产上利用这一特性可以进行分株繁殖。

三、茎的构造

1. 双子叶植物茎的构造

（1）**双子叶植物茎的初生构造**　由茎尖的顶端分生组织，经过细胞分裂、生长和分化形成茎的成熟结构，称为初生构造。这一生长过程称为初生生长或伸长生长。通过对茎尖的成熟区作横切，可见茎的初生构造由外至内可分为表皮、皮层和维管柱三部分（见图1—26）。

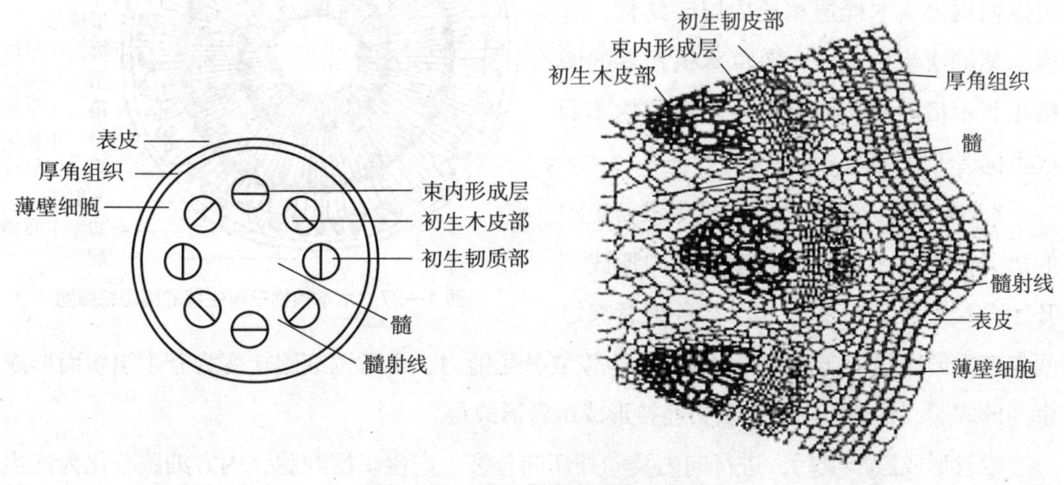

图1—26　双子叶植物茎的初生构造

1）表皮。表皮是幼茎最外面的一层活细胞，细胞为长方形，排列紧密，除气孔外无

缝隙，细胞外壁常角化形成角质层。但沉水植物茎的表皮上，几乎没有角质层。在许多植物的表皮上，还存在表皮毛和腺鳞等附属物，起到分泌和保护作用。

2）皮层。皮层位于表皮内方，主要是由多层薄壁细胞组成的，细胞排列疏松，有明显的细胞间隙。靠近表皮的几层薄壁细胞常分化成厚角组织，细胞内含叶绿体，故幼茎呈绿色，厚角组织进行光合作用的同时起到增强幼茎的支持作用。靠近维管束的一层皮层细胞为内皮层，多数植物茎的内皮层不明显，有些植物的幼茎内皮层细胞内含有较多的淀粉粒，形成淀粉鞘，如大丽花等。

3）维管柱。维管柱位于皮层以内，主要包括初生维管束、髓和髓射线三部分。

①初生维管束。初生维管束呈束状，彼此分开，在茎内排列成一圈。由初生韧皮部、束内形成层和初生木质部组成。大多数种子植物的初生维管束是外韧维管束，初生韧皮部由筛管、伴胞、韧皮纤维和韧皮薄壁细胞组成；初生木质部由导管、管胞、木薄壁细胞和木纤维组成；束内形成层位于初生韧皮部和初生木质部之间，是由具有分生能力的一层细胞组成。

②髓。髓位于维管柱的中心部分，多为薄壁组织，细胞较大，有细胞间隙；细胞内常有大液泡，贮藏着各种内含物，如淀粉、单宁、晶体等。

③髓射线。髓射线是两个维管束之间的薄壁组织，在横切面上呈放射状，有横向运输和贮藏营养物质的作用。

（2）双子叶植物茎的次生构造　由茎的次生分生组织——维管形成层和木栓形成层细胞分裂、分化所形成的次生木质部、次生韧皮部、木栓层和栓内层等结构，合称为茎的次生构造。一般草本植物茎的增粗生长不很明显，而多年生木本植物茎的次生构造十分发达（见图1—27）。

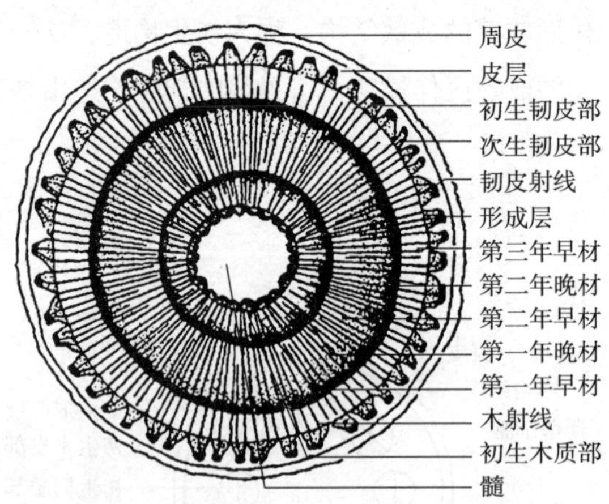

图1—27　木本植物三年生茎的横切轮廓图

1）维管形成层的产生与次生维管组织的形成。当初生构造形成后，束内形成层开始分裂增生新细胞。此时，各维管束之间与束内形成层相连接的髓射线细胞也恢复分生能力，由薄壁细胞转变为分生组织而形成束间形成层，并与束内形成层相连接形成维管形成层。

维管形成层形成后，进行向内及向外切向分裂，产生多层细胞，内方细胞分化为次生木质部，外方细胞分化为次生韧皮部，其中次生木质部的细胞比次生韧皮部的细胞多，所以木本植物茎的大部分是由次生木质部（木材）构成的，而初生及次生韧皮部都被推到茎的周边。

维管形成层还能进行横向分裂产生射线薄壁细胞，形成放射状排列的次生射线，以加强茎的横向运输，其中位于次生木质部的称为木射线，位于次生韧皮部的称为韧皮射线，两者合称为维管射线。

次生维管组织包括由维管形成层分裂产生的次生木质部、次生韧皮部和维管射线。

2）木栓形成层的产生与周皮的形成。在维管形成层产生与活动的同时，由表皮或部分皮层细胞恢复分裂能力，形成木栓形成层。木栓形成层进行平周分裂，外周细胞分化形成木栓层，内周细胞分化形成栓内层；木栓层、木栓形成层和栓内层共同组成周皮。

多数植物木栓层的活动有一定期限，当茎继续加粗时，原有的周皮破裂而失去作用，在其内方又产生新的木栓形成层，形成新的周皮。这样，木栓形成层的发生部位依次内移，直至次生韧皮部。

在初生构造的基础上，由茎的次生分生组织—维管形成层和木栓形成层细胞分裂、分化所形成的次生维管组织和周皮合称为茎的次生构造（见图 1—28）。

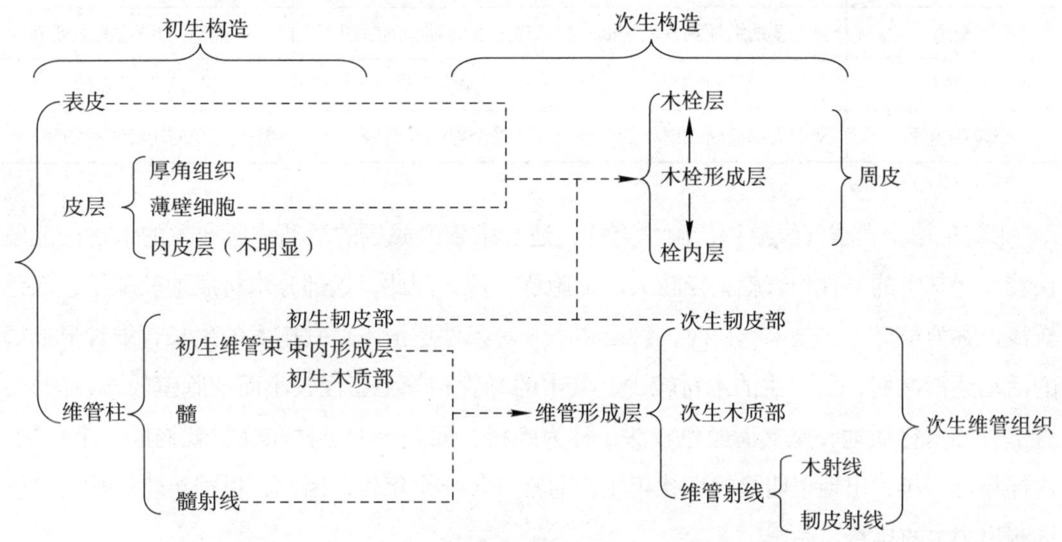

图 1—28　双子叶植物茎的初生构造与次生构造

周皮形成过程中，在原来气孔位置下面的木栓形成层产生一团圆球形、排列疏松的薄壁细胞，称为补充细胞。由于补充细胞增多，向外胀大突出，形成裂口，因而在枝条的表面形成许多小突起——皮孔。通过皮孔，茎内细胞可与外界进行气体交换。

（3）木材的三切面

1）木材三切面。木材三切面是指木材的横切面、径向切面和切向切面（见图 1—29）。三切面的主要特征见表 1—4。

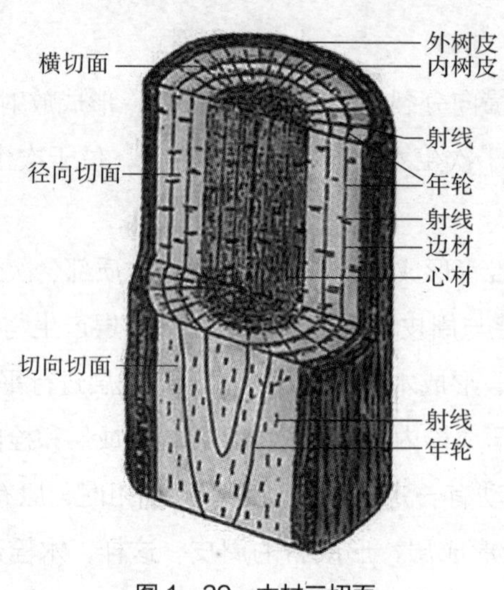

图 1—29 木材三切面

表 1—4 三切面的主要特征

	横切面	径向切面	切向切面
概念	与茎的纵轴垂直的切面	通过茎的髓心的纵切面	不通过茎的髓心的纵切面
年轮	呈同心圆环	呈纵行排列	呈“V”形排列
木射线排列	从中央向四周放射状的排列	整个射线呈砖墙状	整个射线的轮廓略呈纺锤形

2）年轮。春季气候温和，雨水充沛，适合维管形成层的活动，所产生的木材一般较快较多，其中的导管和管胞直径较大而细胞壁较薄，因此，这部分木材质地较疏松，颜色较浅，称为早材。在夏末秋初时，气温和水分等条件逐渐不适宜树木的生长，维管形成层的活动逐渐减弱，所产生的木材较少，其中的导管和管胞直径较小而细胞壁较厚，因此，这部分的木材质地较坚实而颜色较深，称为晚材。同一年的早材和晚材就构成一个年轮。这样年复一年，出现了明显的环状年轮，通常一年一个年轮，因此，根据年轮的数目可以推测出树木的年龄。

3）心材与边材。多年生木本植物随着年轮的增多，在树干的横切面上可以看见木材的边缘部分和中央部分有所不同，靠近树皮部分的木材是近几年形成的次生木质部，颜色较浅，有效地担负输导和贮藏的功能，称为边材。靠近中央部分的木材，是较老的次生木质部，丧失了输导和贮藏的功能，这部分常常填充了树脂、树胶和色素等物质，细胞颜色一般较深，养料和氧气进入都比较困难，引起生活细胞的衰老和死亡，称为心材。随着树木年龄的增加，边材会逐渐成为心材，导致心材数目不断增加。

2. 裸子植物茎的结构特点

裸子植物茎的结构与木本双子叶植物的茎相比，主要特征见表 1—5。

表 1—5　裸子植物与木本双子叶植物的茎的特征

	维管束排列	维管束组成	木质部主要成分	韧皮部主要成分	形成层的活动	木材的类型
裸子植物	圆筒状	有形成层	管胞、薄壁细胞	筛胞、薄壁细胞	能形成木材	无孔材
木本双子叶植物	圆筒状	有形成层	导管、管胞、木纤维、木薄壁细胞	筛管、伴胞、韧皮纤维、韧皮薄壁细胞	能形成木材	有孔材

3. 禾本科植物茎的结构特点

禾本科植物的茎有明显的节与节间，大多数种类的植物节间中央部分萎缩，形成中空的秆，但也有一些具有实心的结构（如实心竹）。禾本科植物茎的共同特点是维管束散生分布，维管束内无形成层，由表皮、机械组织、基本组织和维管束四个部分组成（见图 1—30、图 1—31）。

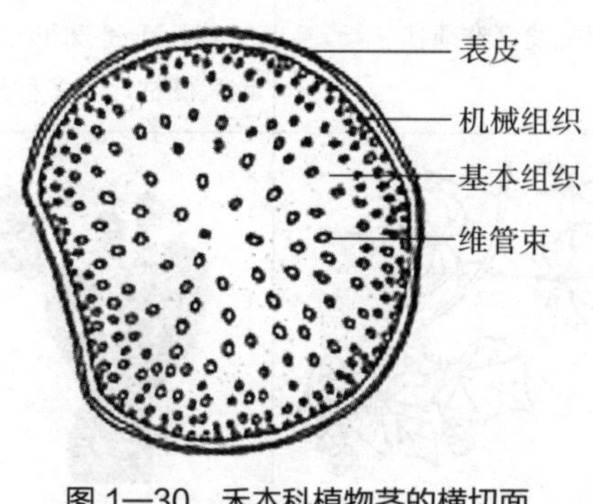

图 1—30　禾本科植物茎的横切面

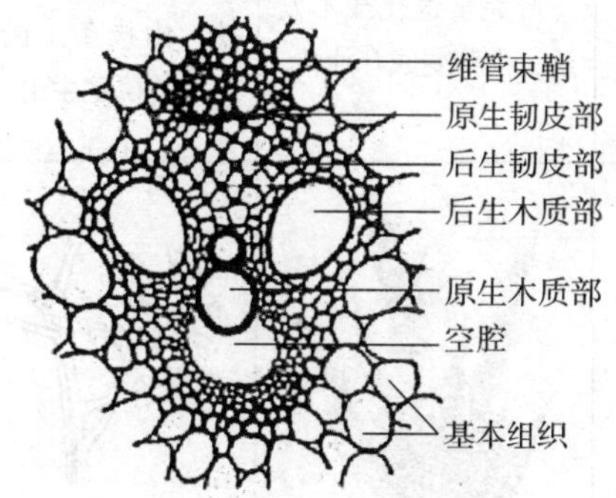

图 1—31　禾本科植物茎的维管束

（1）表皮　表皮由一层细胞构成，细胞排列紧密，壁厚，外壁常硅质化或角质化，有气孔和蜡被等附属结构。

（2）机械组织　在表皮以内的基本组织中，常有几层体积小、细胞壁厚的厚壁细胞，它们起到支持作用，防止植物倒伏。

（3）基本组织　表皮以内除机械组织和维管束外，均为基本组织。近外方的细胞小而密，常含叶绿体，所以幼嫩的茎呈绿色；靠内方的细胞较大，有细胞间隙，不含叶绿体，有的茎中央的薄壁组织在发育过程中破裂而形成髓腔。竹类随着竹龄增加，薄壁组织细胞壁逐渐增厚并木质化，成为坚硬的竹秆。因此，竹类能成“材”，但无次生构造。

（4）维管束　属于有限维管束，维管束外围被厚壁组织组成的维管束鞘所包围，维管

束由初生木质部和初生韧皮部组成。初生韧皮部位于外方，由筛管和伴胞等组成；初生木质部位于内侧，在横切面上呈“V”形，包括一至多个导管及少量的木薄壁细胞。生长过程中，导管常被拉破，四周的薄壁细胞互相分离，形成一个大空腔。

四、茎的变态

有些植物的茎由于长期适应环境的变化，出现形态和功能的改变，形成变态茎。变态茎上仍保留着茎所特有的特征，如有节和节间，节上生叶和芽，或节上能开花结果。变态茎是一种可以稳定遗传的变异。变态茎可分为地上变态茎和地下变态茎两大类。

1. 地上变态茎

地上变态茎可分为四类，见表 1—6。

表 1—6　　地上变态茎

类型	叶状茎	茎刺	茎卷须	肉质茎
主要特点	叶完全退化或不发达，由茎变成叶片状	植物的部分茎变为刺状，由枝条上的顶芽或腋芽的位置生出	有些攀缘植物的部分侧枝发育卷须状	叶常退化，由茎变态成的肥厚多汁的绿色肉质茎，可呈球形、柱形或扁圆柱形等多种形态
图例				
主要功能	光合作用	保护作用	攀缘功能	光合作用
实例	令箭荷花、昙花、文竹、天门冬、假叶树等	皂荚、山楂、棠梨等	葡萄、瓜类等	仙人掌类的肉质植物

2. 地下变态茎

地下变态茎可分为四类，见表 1—7。

表 1—7 地下变态茎

类型	根状茎	块茎	球茎	鳞茎
主要特点	由多年生植物的茎变态而成的横卧于地下、形状似根的地下茎	由茎的侧枝变态成的短粗的肉质不规则的块状地下茎	植物的茎膨大形成的球形、扁球形或长圆形的变态茎	扁平或圆盘状的地下变态茎，鳞茎盘上着生多层肉质鳞片叶
图例				
主要功能	节上可产生不定根，具有繁殖能力	贮藏组织特别发达，内贮丰富的营养物质	贮藏有大量的营养物质，供营养繁殖之用	营养物质主要贮存在肥厚的变态叶中
实例	竹类、鸢尾、芦苇、莲、白茅、蓟等	菊芋、马铃薯、甘露子等	慈菇、唐菖蒲、番红花、荸荠等	水仙、百合等，鳞片叶的叶腋内可生腋芽，形成侧枝

思考与练习

1. 什么是芽？芽有哪些类型？
2. 茎的分枝方式有哪些？各有何特点？
3. 双子叶植物茎的构造有何特点？
4. 茎的主要生理功能有哪些？
5. 木本双子叶植物的茎与裸子植物的茎有何异同点？

第三节
叶

教学目标

◇能用有关术语描述叶的形态特征，掌握其主要功能

◇能区别叶的类型及叶序，掌握有关特征

◇能识别双子叶植物和单子叶植物叶的构造

◇熟悉植物叶的变态种类

叶是植物的三大营养器官之一（见图 1—32、图 1—33、图 1—34、图 1—35）。叶的主要功能是进行光合作用合成有机物，并通过蒸腾作用为根系从土壤中吸收水和矿质营养提供动力，叶表皮上的气孔是植物与外界进行气体交换的通道，有些植物的叶还具有贮藏营养物质和繁殖的功能。叶的形态构造与环境条件有着密切的关系，不同类型的植物具有形态构造各异的叶。有些植物的叶由于长期适应环境条件的变化，往往使器官原有的形态与功能发生改变，形成变态叶。

图 1—32　花叶芋

图 1—33　龟背竹

图 1—34　合欢

图 1—35　红枫

一、叶的形态

1. 叶的发生与生长

叶片是从叶芽生长锥基部的叶原基发生的。叶原基是一团分生组织，初期叶原基的顶端进行分裂生长并伸长，然后沿叶两侧边缘进行分裂生长，形成叶的雏形——幼叶，并依次分化出托叶、叶柄和叶片。当叶片各部分形成之后，细胞仍继续分裂和长大（居间生长），直到叶片成熟（见图 1—36）。

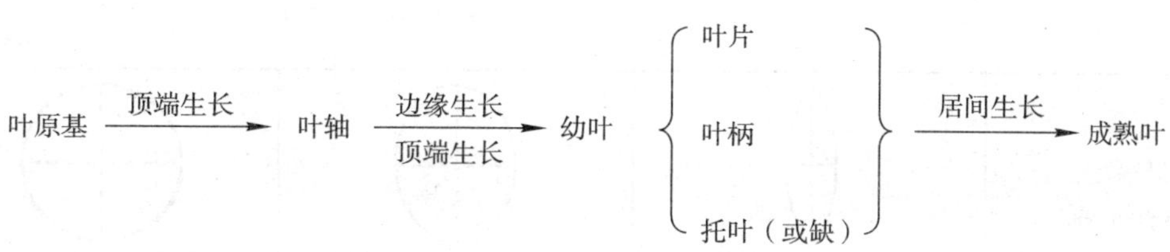

图 1—36　叶的发生与生长过程

2. 叶的组成

典型的叶具有叶片、叶柄和托叶三部分，这种叶称为完全叶，如梨、桃、月季等植物的叶（见图 1—37）。缺少叶片、叶柄和托叶其中任何一部分的叶，称为不完全叶，如丁香、樟树缺托叶，属不完全叶（见图 1—38）。叶片通常为绿色扁平状，是进行光合作用的主要部分。叶柄是连接叶片与茎的柄状结构，主要起输导和支持作用。托叶为叶柄基部的附属物，通常成对而生，形状因种而异，托叶对幼叶和腋芽起保护作用。有些植物的叶柄扩展成片状，将茎包围，称为叶鞘，如禾本科植物，在叶鞘与叶片连接处的内侧，有膜质的小片，称为叶舌，叶舌两侧有毛状物，称为叶耳（见图 1—39）。

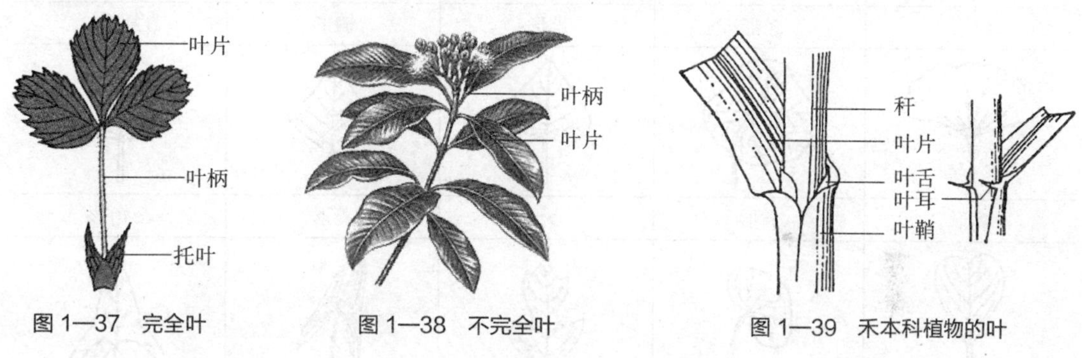

图 1—37　完全叶　　图 1—38　不完全叶　　图 1—39　禾本科植物的叶

3. 叶片的形态和质地

植物叶片的大小不同、形态各异。一般从叶形、叶尖、叶基、叶缘、叶裂、叶脉和叶片质地等特征进行描述。

（1）叶形　叶的形态多种多样，根据其长宽比例以及较宽部分的位置进行划分（见表 1—8）。此外，叶还有很多特殊的形状（见表 1—9）。

表 1—8　叶的形状（一）

最宽处在叶的基部	披针形	卵形	阔卵形

续表

最宽处在叶的中部	长椭圆形	阔椭圆形	圆形
最宽处在叶的先端	倒披针形	倒卵形	倒阔卵形

表 1—9　　叶的形状（二）

针形	条形	匙形	镰形	鳞形
扇形	盾形	心形	菱形	三角形
倒心形	肾形	提琴形	箭形	戟形

（2）叶尖　叶尖的形态见表 1—10。

表 1—10　　叶尖的形态

卷须状	芒尖	尾尖	渐尖	急尖	骤尖
短尖	钝尖	圆形	微凹	微缺	倒心形

（3）叶基　叶基的形态见表 1—11。

表 1—11　叶基的形态

心形	耳形	箭形	楔形	戟形
盾形	偏斜	抱茎	截形	渐尖

（4）叶缘　叶缘的形态见表 1—12。

表 1—12　叶缘的形态

全缘	浅波状	波状	深波状	皱波状
圆锯齿	锯齿状	细锯齿	睫毛状	重锯齿

（5）叶裂　叶缘凹入和凸出的程度较齿状缘深大，称为叶裂。根据叶裂的形状可分为羽状裂和掌状裂两种。羽状裂的叶片较长，裂片呈羽毛状排列，类型见表 1—13。掌状裂常具 3～5 条放射状主脉，缺口沿叶脉间凹入，裂片呈掌状排列，类型见表 1—14。

表 1—13　羽状裂的类型

类型	羽状浅裂	羽状深裂	羽状全裂
主要特点	缺口至中脉不及 1/2 的	缺口至中脉超过 1/2 的	缺口抵达中脉的
图例			
实例	一品红、辽东栎等	山楂等	茵陈蒿、银烨等

表 1—14　　掌状裂的类型

类型	掌状浅裂	掌状深裂	掌状全裂
主要特点	缺口至中脉不及 1/2 的	缺口至中脉超过 1/2 的	缺口抵达中脉的
图例			
实例	五角枫等	鸡爪槭、梧桐等	掌叶秋海棠等

（6）叶脉　叶脉是贯穿在叶肉内的维管束，起输导和支持作用。常见有网状脉和平行脉两种类型。网状脉的叶脉错综分枝，连接成网状，是双子叶植物的特征之一，类型见表 1—15。平行脉叶脉相互平行不交叉，各脉之间仍有细脉相连，是单子叶植物的特征之一，类型见表 1—16。

表 1—15　　网状脉的类型

类型	羽状网脉	掌状网脉
图例		
实例	女贞、苹果等	蓖麻、枫香等

表 1—16　　平行脉的类型

类型	直出平行脉	弧状平行脉	侧出平行脉	射出平行脉
图例				
实例	禾本科植物	玉簪、鸭跖草	芭蕉等	棕榈等

（7）叶片质地　叶片除形态多种多样外，质地也有所不同。有的肥厚多汁，称为肉质叶，如景天；有的较厚而坚韧，称为革质叶，如木兰、枇杷等；有的较薄如纸，称为草质叶，如桃、一品红等。

4. 单叶和复叶

在一个叶柄上只长一片叶的称为单叶，在一个叶柄上有两片以上的叶称为复叶。

复叶的叶柄称为总叶柄或叶轴，总叶柄上的每片叶是小叶，每片小叶的叶柄称为小叶柄。

根据小叶在总叶柄上的排列情况，复叶可分为羽状复叶、掌状复叶、三出复叶和单身复叶四种（见图 1—40）。

图 1—40 复叶的类型

（1）**羽状复叶** 小叶排列在叶轴两侧，呈羽毛状排列。

1）根据羽状复叶顶端的小叶数，羽状复叶可分为：

①奇数羽状复叶。复叶的顶端有 1 片小叶，如水曲柳、月季、国槐等。

②偶数羽状复叶。复叶的顶端有 2 片小叶，如合欢、皂荚、红豆等。

2）根据叶轴的分枝情况，羽状复叶可分为：

①一回羽状复叶。总叶柄不分枝，小叶直接着生在叶轴上，如国槐、紫藤、玫瑰、月季等。

②二回羽状复叶。总叶柄分枝一次再着生小叶的，如栾树、合欢等。

③多回羽状复叶。总叶柄分枝三次以上，再着生小叶的。

（2）**掌状复叶** 小叶 5 片以上，集中着生在叶轴顶端，呈掌状排列，如木棉、五加、鹅掌柴、七叶树等。

（3）**三出复叶** 小叶 3 片，着生在总叶柄顶端，如刺桐、大叶千斤拔、重阳木、豆类。

（4）**单身复叶** 总叶柄扁平成翅，总叶柄和叶片间有关节。单身复叶是芸香科柑橘属植物所特有的，如柚、柑、橙等。

5. 叶序

叶在枝上着生都按一定顺序排列，这种排列方式称为叶序。常见的叶序类型见表1—17。

表 1—17　　叶序的类型

类型	互生	对生	轮生	簇生	基生
主要特点	枝的每个节上只长1片叶，叶以不同方向在枝上交互而生	在枝的每个节上相对着生2片叶	3片或3片以上的叶着生在枝的一个节上	2片以上的叶着生于极度缩短的短枝上	2片以上的叶着生于地表附近的短茎上
图例					
实例	杨、柳、榆、红花羊蹄甲、玉兰等	丁香、泡桐、女贞、黄杨等	夹竹桃、茜草等	华北落叶松、银杏、雪松、金钱松等	马蔺、车前等

一般植物枝条上生长的叶，下部叶的叶柄较长，上部叶的叶柄较短，且排在两相邻节上的叶片不会重叠，相互错位分布，因此，同一枝条上的叶片能充分接受光照进行光合作用，这种现象称为叶镶嵌。叶镶嵌在叶间密集的种类中尤为常见，如落地生根等。

不同种类的植物叶片的形状不同，但有时在同一种植物中，也可因环境条件或发育阶段的不同而形成不同的叶形。例如水生植物水毛茛有两种叶，沉入水中的叶丝状全裂，而露出水面的叶则掌状深裂。这种由于适应不同环境而使同一植物具有两种不同形态的叶，称为生态型异形叶性。而枫杨、刺槐等幼苗阶段会因发育的先后而发生不同形态的叶，称为系统发育的异形叶性。异形叶性说明叶的可塑性较大，并成为该种植物的遗传特性。

6. 叶的变态

有些植物的叶由于长期适应环境条件的变化，往往使器官原有的形态与功能发生改变，形成变态叶。变态叶的类型见表 1—18。

表 1—18 变态叶的类型

类型	芽鳞	苞片	鳞叶	叶刺	叶卷须	叶状柄	捕虫叶
图例							
主要特点	冬芽外面所覆盖的变态幼叶	花序、果序下方的变态叶	叶退化成不含叶绿体的鳞片状	植株的部分或全部叶变为刺状	植株的部分叶变为卷须状	叶片退化，叶柄成为扁平叶片状	叶变成能捕食昆虫的结构
主要作用	保护幼嫩的芽组织	保护花果，吸引昆虫、动物	贮藏营养物质	保护作用	攀缘生长	光合作用	捕食昆虫
实例	杨、柳、棠梨、丁香等	马蹄莲、合果芋、叶子花等	百合、洋葱等	红叶小檗、仙人掌、火棘等	豌豆、炮仗花、土茯苓等	相思树、金合欢等	猪笼草等

二、叶的构造

不同植物叶的内部结构有所差异，但基本结构都是由表皮、叶肉和叶脉三部分组成。

1. 双子叶植物叶的构造

对双子叶植物叶片的横切面在显微镜下进行观察，可见表皮、叶肉和叶脉三部分（见图 1—41）。

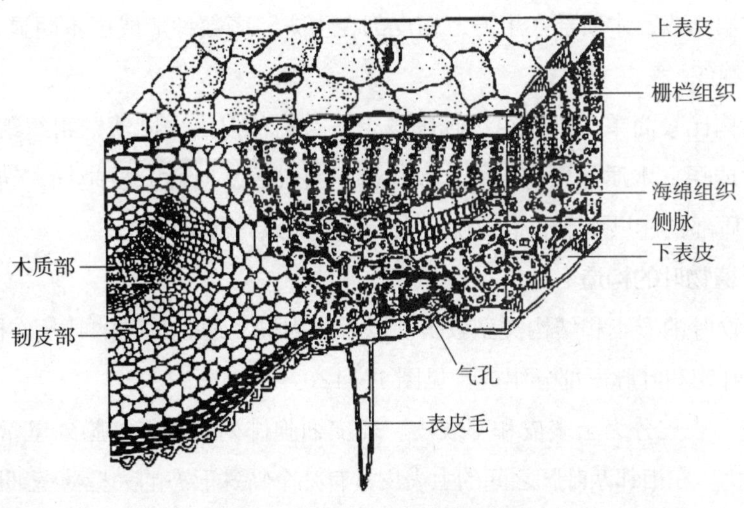

图 1—41 双子叶植物叶的构造

（1）表皮 表皮是覆盖在叶片外表的保护组织，分为上表皮和下表皮。表皮细胞排列紧密，没有细胞间隙，通常不含叶绿体。表皮细胞外壁常有角质层或表皮毛覆盖，保护叶不受病菌侵害，控制水分蒸腾，防止过度日照等损害，起到保护作用。

在叶片表皮细胞中间分布着许多气孔，气孔是植物体与外界进行气体交换的通道。大多数双子叶植物的气孔是由两个肾形的保卫细胞围成的小孔，气孔与保卫细胞合称为气孔器，气孔通常分布于叶片的上、下表皮，但下表皮较多，每平方毫米100~300个。有些植物只分布在下表皮，如苹果、旱金莲等；浮水植物的气孔只分布在上表皮，如睡莲、芡实等。

（2）叶肉　叶肉是上、下表皮之间的薄壁组织，细胞内含有叶绿体，是进行光合作用的主要场所。多数植物的叶肉可分为栅栏组织和海绵组织两部分，二者的主要区别见表1—19。

表 1—19　　栅栏组织和海绵组织的区别

组织类型	分布位置	形态特征
栅栏组织	通常在上表皮的下方	细胞圆柱形，排列紧密、整齐，成栅栏状，一层或多层，细胞内含大量叶绿体
海绵组织	在栅栏组织与下表皮之间	细胞不规则形，排列疏松、不整齐，呈海绵状，细胞间隙大，常与气孔相通，细胞内叶绿体含量相对较少

（3）叶脉　叶脉是分布在叶肉中的维管束，由叶柄中的维管束延伸而来，并与茎的维管束相连接。双子叶植物的叶脉为网状脉，主脉和侧脉交错呈网状排列于叶肉中。

主脉和大的侧脉在维管束的外面有机械组织包围，称为维管束鞘；维管束由木质部、韧皮部和形成层组成，木质部在上方，韧皮部在下方，多数种形成层不明显，只能产生少量的次生维管组织。

侧脉的结构比较简单，机械组织越来越少，有的种仅由一圈薄壁组织组成维管束鞘，维管束内无形成层，木质部只有导管，韧皮部只有筛管。叶脉分枝越细，结构也越简单。脉梢部分的木质部往往只剩下一个螺纹管胞，韧皮部只有薄壁细胞。

2. 单子叶植物叶的构造

单子叶植物叶的形态和结构类型较多。以竹类为例，通过竹叶的叶片作横切面，可以看到由表皮、叶肉和叶脉三部分组成（见图1—42）。

（1）表皮　表皮分为上表皮和下表皮。表皮细胞排列紧密，细胞外壁常发生角质化、硅质化或栓质化。在相邻两叶脉之间的上表皮常有几个特殊形态的大型薄壁细胞，称为泡状细胞。它在横切面呈扇形排列，细胞内具有大液泡，可以通过液泡失水和吸水来调节叶片的水势，从而保护植物叶片。当天气干燥时，细胞失水收缩，使叶片向上卷曲成筒状以减少水分的蒸腾；而天气湿润时，又吸水膨胀，使叶片展开。因此，泡状细胞又称为运动细胞。

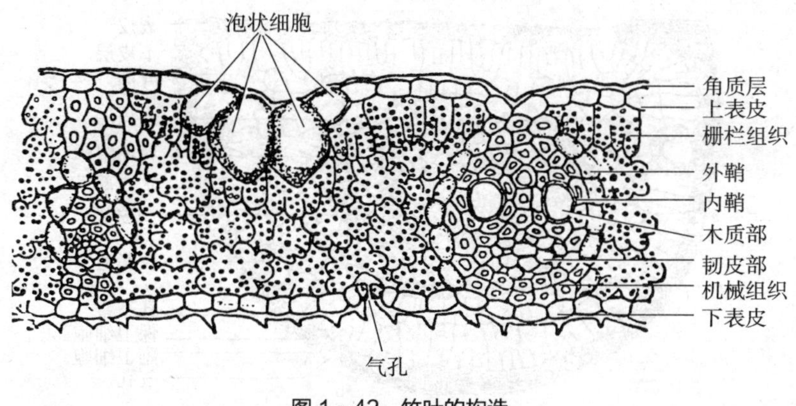

图 1—42　竹叶的构造

在上、下表皮上还分布有气孔，气孔由两个哑铃形的保卫细胞以及两个梭形的副卫细胞构成，副卫细胞位于保卫细胞外方。哑铃形的保卫细胞两端壁薄，中间壁厚，当保卫细胞吸水时，两端壁薄部分膨大而将气孔撑开，失水时气孔闭合。

（2）叶肉　叶肉是位于上、下表皮之间的同化薄壁组织。叶肉细胞形状不规则，没有明显的栅栏组织和海绵组织之分，叶片没有背面和腹面之分，因而也称为等面叶。有时叶肉上方的细胞排列较整齐，叶肉细胞壁常向内折叠，叶绿体分布于叶肉细胞边缘处，扩大光合作用面积，增强光合作用。

（3）叶脉　单子叶植物的叶脉为平行脉，常由外围的维管束鞘和内方的维管束两部分组成。维管束鞘有时可分为外鞘和内鞘两层，外鞘是薄壁细胞，内鞘为厚壁细胞；维管束包括木质部与韧皮部，木质部在上方，韧皮部在下方，木质部与韧皮部之间无形成层，为有限维管束。

单子叶植物叶构造的共同特征：具有泡状细胞，叶肉无明显分化的栅栏组织和海绵组织，维管束由维管束鞘包围，气孔由保卫细胞和副卫细胞构成等。

3. 裸子植物叶的构造

裸子植物又称针叶树。以松属植物为例，松属植物的叶常为针形，习惯上称为松针，作松针的横切面，可见由外向内由表皮系统、叶肉和维管束三部分组成（见图 1—43）。

（1）表皮　表皮系统包括表皮、下皮层及气孔器等结构。表皮是由一层厚壁细胞组成，外面有较厚的角质层，无上、下表皮之分。表皮内方有一至多层纤维状的细胞，称为下皮层。每个气孔由一对保卫细胞和一对副卫细胞构成，保卫细胞的侧壁与下皮层细胞相连，副卫细胞的侧壁与表皮细胞相连，气孔陷入下皮层中。气孔下面有一个下陷的空腔称为孔下室，是气体进出的场所。

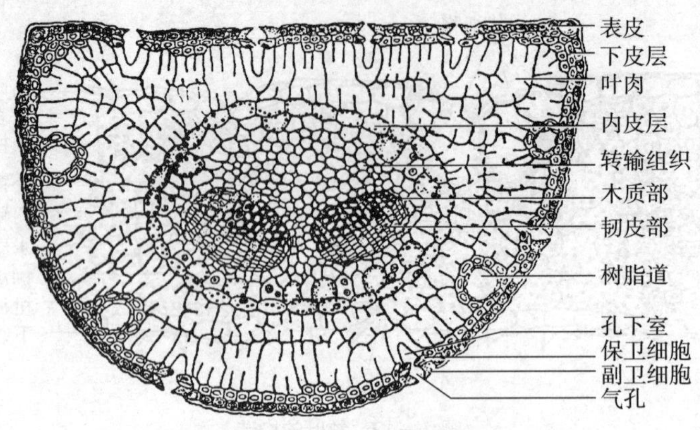

图 1—43 裸子植物叶的构造

（2）叶肉 叶肉位于下皮层的内方。叶肉细胞的细胞壁常向内折叠，从而扩展光合作用的面积。叶肉组织内分布着树脂道，树脂道的位置因种类不同而异。叶肉的最内方一层细胞排列整齐，称为内皮层，是叶肉组织与维管束之间的分界。

（3）维管束 维管束位于针叶的中央。有些种类具有两个维管束，如马尾松、油松等；有些种类只有一个维管束，如红松、华山松等。维管束的木质部在腹面（叶束的内方），韧皮部在背面。木质部与韧皮部的组成与根、茎相同。

在维管束与内皮层之间有转输组织，由薄壁细胞或转输管胞组成，是维管束与叶肉之间水分和养料运输的通道。

在上述结构中：具有下皮层、下陷气孔、内皮层、转输组织等特性，在其他裸子植物，特别是松柏类植物中都存在，但数量和排列各有不同。除松属外，大多数松柏类植物的叶肉细胞都不折叠。有些裸子植物无内皮层，如红豆杉、红杉、水杉等。松柏类植物的叶大多有树脂道分布。

三、叶的形态结构与环境的关系

叶的形态结构不仅与它的生理功能相适应，而且与它所生活的外界环境密切相关。

1. 旱生植物叶与水生植物叶

（1）旱生植物叶片的特点 旱生植物叶主要表现为下述两个类型：一种类型是能降低蒸腾，如植物叶片小，角质层厚，表皮毛和蜡被比较发达，叶肉细胞折叠、气孔下陷等，如松柏类植物；另一种类型是能贮藏水分，如叶片肥厚、有发达的贮水组织以抵御干旱的环境，如马齿苋科、景天科及仙人掌科植物。

（2）水生植物叶片的特点 水生植物叶片特点为：叶片薄或丝状细裂，机械组织、保护组织退化，角质层薄或无，叶肉细胞层少，没有栅栏组织和海绵组织的分化，通气组织发达等。

2. 阳生植物叶与阴生植物叶

光照强度是影响叶片的另一重要因素，许多植物的光合作用适应于在强光下进行，而不能忍受荫蔽，称为阳生植物。有些植物的光合作用适应于在较弱的光照下进行，称为阴生植物。阳生植物的叶片厚、小，角质层厚，栅栏组织和机械组织发达，叶肉细胞间隙小。阴生植物的叶片薄、大，角质层薄，机械组织不发达，无栅栏组织的分化，叶肉细胞间隙大。

四、叶的生存期与落叶

落叶是植物的自然现象，是对不良环境（如低温、干旱）和迎接新生的一种适应性。

生长在温带的杨、柳、榆、槐等树木，它们的叶在春季长出，到冬季则全部枯萎而脱落，这种树木称为落叶树。而松、柏、冬青、女贞等树木，每年都有一部分叶片枯萎脱落，在老叶脱落的同时，树上会不断产生新的叶片，从外观上看，树木终年着生叶片，这种树木称为常绿树。常绿树叶的生存期因不同种类而异，可以由一年至多年，如松属叶可生活 2～5 年，冷杉叶可生活 3～10 年。

树木在落叶之前，叶柄基部有一部分细胞经过分裂产生几层薄壁细胞，它们横隔于叶柄基部，称为离层。离层形成后，离层细胞的胞间层溶解而彼此分离，叶受重力或外力等作用从离层处脱落。之后，在离层的下方发育出木栓细胞，逐渐覆盖整个断痕，并与茎部的木栓层相连，这个由木栓细胞所形成的覆盖层称为保护层（见图 1—44）。

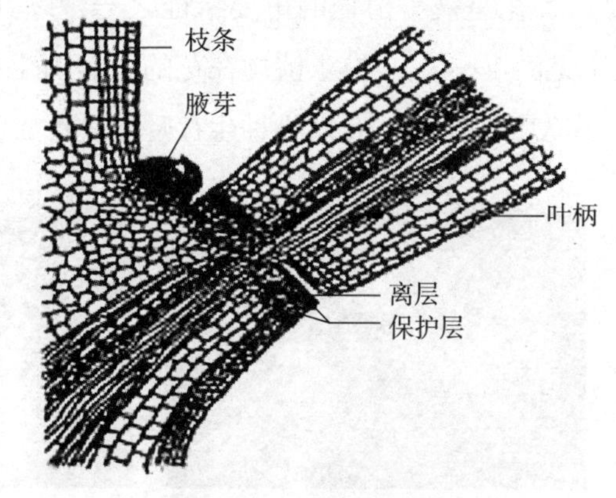

图 1—44　离层与保护层

思考与练习

1. 叶有哪些主要功能？
2. 简述单叶、复叶和叶序的特征，并绘图说明。
3. 双子叶植物叶的构造有何特点？
4. 简述落叶的原因。
5. 简述叶的形态构造与环境的关系，并举例说明。

第四节
花

教学目标

◇能识别花和花序的类型，掌握其主要功能
◇能用有关术语描述花的形态特征
◇掌握双受精的过程和意义

被子植物从种子萌发成幼苗，经过一段时期的营养生长后，进入生殖生长，分化出花芽，然后开花、结果，产生种子，繁殖后代。花、果实和种子与被子植物的繁殖有关，所以称为繁殖器官或生殖器官。

花是被子植物的重要特征之一，以其特有的形态、色彩成为植物体的重要组成部分（见图 1—45）。被子植物在花的子房内生有胚珠，经过传粉、受精，胚珠发育成种子，子房发育成果实。花对物种生存及促进种属的繁衍和发展有着重要的意义。

图 1—45 植物的花（绣球、杜鹃、荷花）

花是植物分类的主要依据之一。根据花的形态与组成可将花分为不同的类型，在实际应用中可用花程式或花图式对花进行描述。被子植物的发育包括雄蕊和雌蕊的发育、开花与传粉、双受精作用及果实和种子的形成等过程；裸子植物在生殖器官的形态构造和生殖过程方面表现了不同的进化适应。

一、花的组成和类型

花由花芽发育而成。花芽分化的顺序一般是花萼、花冠、雄蕊、雌蕊，但也因植物不同而异，如石榴是雄蕊最后分化，龙眼是花冠最后分化。

1. 花的组成

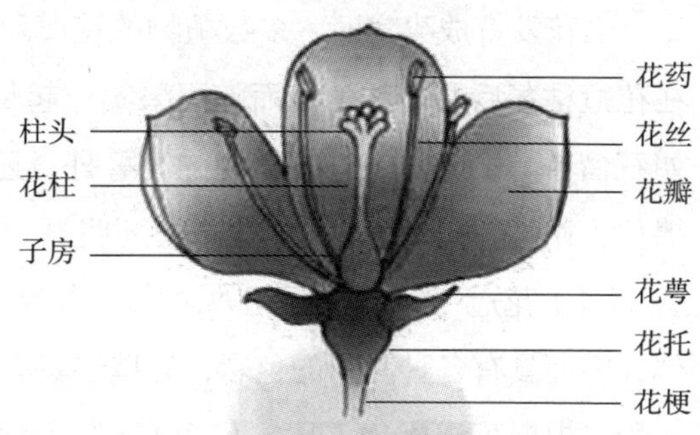

图 1—46　花的组成

一朵典型的花通常由花梗、花托、花萼、花冠、雄蕊群和雌蕊群等几部分组成（见图 1—46）。花萼和花冠合称为花被，它保护着雄蕊和雌蕊，并有助于传粉；雄蕊和雌蕊合称为花蕊，能完成花的有性生殖过程，是花的重要组成部分。

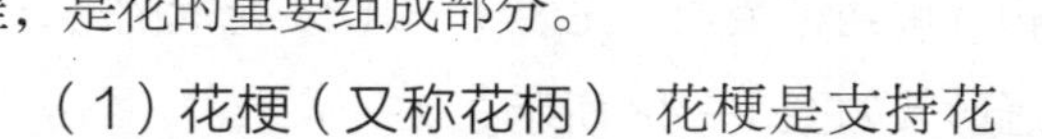

（1）花梗（又称花柄）　花梗是支持花朵的柄状结构，可以运输各种物质，使花向各方向展开。当花发育形成果实时，花梗即成为果柄。花梗的长短因植物而异。

（2）花托　花梗顶端着生花萼、花冠、雄蕊群、雌蕊群的部位称为花托。花托通常膨大，形态多样（见图 1—47）。

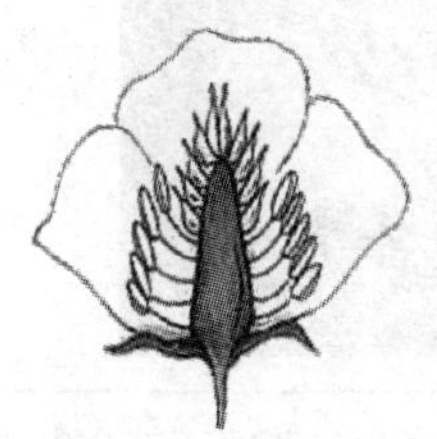

圆锥形花托（牡丹）

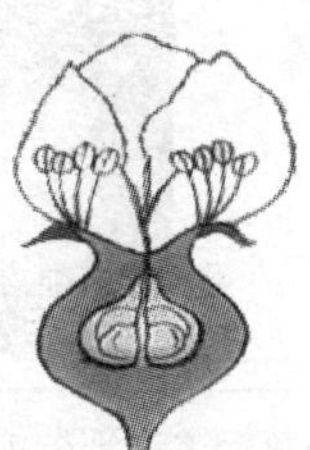

壶形花托（白梨）

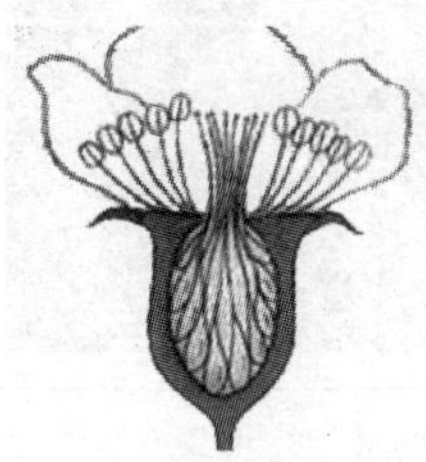

环状花托（玫瑰）

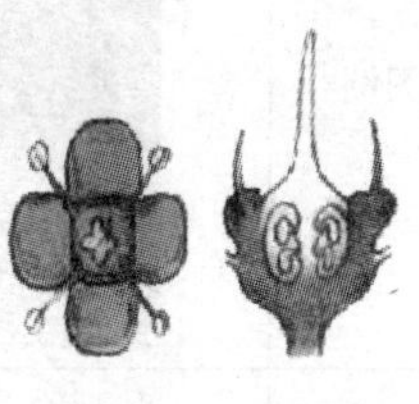

盘状花托（卫矛）

图 1—47　花托的形状

（3）花萼　花萼位于花的最外轮，由若干萼片组成，常呈绿色，结构与叶相似。不同植物的花萼形态大小、颜色不同。根据花萼的离合情况可分为两种类型（见表 1—20）。

表 1—20　花萼的类型

种类	离萼	合萼
图例		
特点	萼片之间完全分离	萼片之间部分或全部合生，合生部分称为萼筒，上部未合生的部分称为萼裂片
实例	桑、茶、桃等	泡桐、五叶槐等

当花发育成果实时，多数植物的花萼随花冠一起枯萎并脱落，但也有一些植物的花萼在花冠枯萎后并不脱落，而随同果实一起长大，一直留存在果实上，这种花萼称为宿萼，如石榴、柿子等。在某些植物的花萼外，还有一轮绿色叶状的萼片，称为副萼，如锦葵、棉花、蛇莓等，棉花的副萼比花萼还明显。

（4）花冠　花冠位于花萼之内，由若干花瓣组成。花瓣细胞内常含有花青素或有色体，因而具有各种美丽的色彩，有些还具有挥发油类，散发特殊香气，用以引诱昆虫传播花粉。根据花瓣离合情况，花冠可分为离瓣和合瓣两种类型（见表 1—21）。花冠的形状多样，是被子植物分类的依据之一，常见的花冠形状如图 1—48 所示。

表 1—21　　花冠的类型

种类	离瓣	合瓣
图例		
特点	花瓣之间完全分离	花瓣之间部分或全部合生，花冠下部合生的部分称为花冠筒；上部分离的部分称为花冠裂片
实例	玉兰、苹果、桃等	金钟、牵牛、桂花、泡桐等

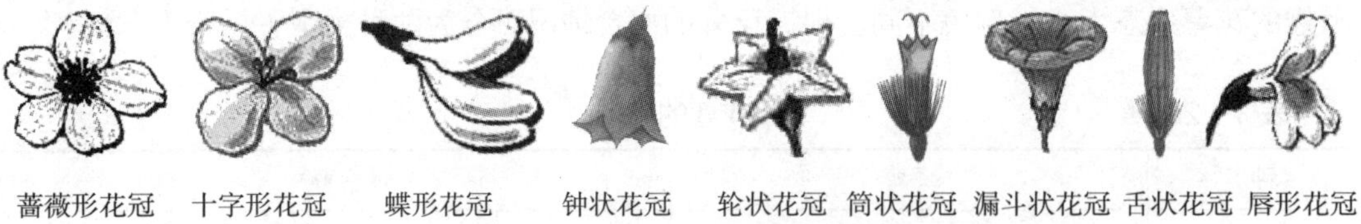

蔷薇形花冠　十字形花冠　蝶形花冠　钟状花冠　轮状花冠　筒状花冠　漏斗状花冠　舌状花冠　唇形花冠

图 1—48　花冠的形状

（5）雄蕊群　雄蕊群是一朵花内所有雄蕊的总称。雄蕊常位于花冠的内轮，由花丝和花药组成。花丝一般细长，基部着生在花托或贴生在花冠上，对花药起支持和输导作用；花药是花丝顶端膨大成囊状的部分，内部有花粉囊，可产生大量的花粉粒。

在雄蕊群中，根据花丝、花药的离合以及花丝的长短分为六种类型（见表 1—22）。

表 1—22 雄蕊的类型

类型	二强雄蕊	四强雄蕊	单体雄蕊	二体雄蕊	多体雄蕊	聚药雄蕊
图例						
主要特点	雄蕊4个，花丝分离，其中2个较长，2个较短	雄蕊6个，花丝分离，其中4个较长，2个较短	雄蕊多数，花丝全部合生成筒状，包围着雌蕊	雄蕊10个，其中9个花丝连合，1个单生	雄蕊多数，花丝基部连合为多组，上部分离	雄蕊多数，花丝分离而花药连合
实例	黄荆、泡桐等	油菜等十字花科植物	木槿、楝树等	紫藤等蝶形花科植物	金丝桃、椴树等	向日葵、凤仙花等

（6）雌蕊群　雌蕊群是一朵花内所有雌蕊的总称。雌蕊位于花的中央，由柱头、花柱和子房组成。柱头在雌蕊的先端，是传粉时接受花粉粒的部位；花柱连接着柱头和子房，是柱头通向子房的通道，起支持和输导作用；雌蕊的基部为子房，子房内孕育着胚珠，是雌蕊的主要部分。

雌蕊由变态的叶卷合而成，这种变态叶称为心皮。心皮卷合成雌蕊时，心皮边缘联合的地方称为腹缝线，它的背部称为背缝线。心皮卷合构成的腔室称为子房室，子房室内着生胚珠，胚珠的数目因植物不同，可以由一个到无数个，着生胚珠的部位称为胎座。根据心皮的数目及着生情况可将雌蕊分为三种类型（见表 1—23）。

表 1—23 雌蕊的类型

类型	单雌蕊	离心皮雌蕊	复心皮雌蕊（合心皮雌蕊）
图例			
主要特点	由一个心皮构成的雌蕊（一心皮一室）	一朵花中有多数彼此分离的单雌蕊（多心皮多室）	由两个或两个以上的心皮合生构成的雌蕊（多心皮一室或多心皮多室）
实例	桃、李、豆类等	玉兰、绣线菊、蔷薇等	梨、柑橘等

2. 花的类型

（1）根据花被的数目或有无，可将花分为三种类型（见表1—24）。

表1—24 花的类型（一）

种类	特点	实例
双被花	花萼、花冠都存在，而且有明显区别	玉兰、桃、香花槐等
单被花	仅有花萼或花冠的花	榆、桑树等
无被花（裸花）	无花萼和花冠的花	杨、柳、杜仲等

（2）根据花中是否具备花蕊（雌蕊和雄蕊），可将花分为三种类型（见表1—25）。

表1—25 花的类型（二）

种类	特点	实例
两性花	兼有雄蕊和雌蕊的花	丁香、苹果、国槐等
单性花	仅有雄蕊或雌蕊的花，分别称为雄花和雌花	板栗、桑树等
中性花（无性花）	既无雄蕊，又无雌蕊的花	绣球花序边缘的花

（3）根据花中花瓣的轮数及形态，可将花分为四种类型（见表1—26）。

表1—26 花的类型（三）

种类	特点	实例
单瓣花	仅有一轮花冠的花	桃、苹果等
重瓣花	具有多轮花冠的花	碧桃、十姊妹等
整齐花（辐射对称花）	花瓣大小形状相似的花	月季、李、牵牛等
不整齐花（两侧对称花）	花瓣大小形状不一的花	国槐、紫荆等

对植物而言，雄花和雌花生于同一植株上，称为雌雄同株，如胡桃等。雄花和雌花分别生在不同植株上，称为雌雄异株，其中生雄花的为雄株，生雌花的为雌株，如柳、桑、银杏等；两性花和单性花生于同一植株上，称为杂性同株，如鸡爪槭、红枫等。

二、花程式与花图式

花各部分的组成、排列位置和相互关系，可以用一个公式或图案表示出来。

1. 花程式

用简单的字母、符号、数字表示花各部分的组成、排列、位置以及相互关系的公式称为花程式。花程式的有关规则如下：

（1）字母　K 表示花萼、C 表示花冠、P 表示花被、A 表示雄蕊群、G 表示雌蕊群。

（2）数字　0 表示缺少或退化；1、2、3…表示花各部的数目；∞表示多数或不定数；数字写在字母右下角。

（3）符号　+ 表示轮数；( ) 表示合生；: 表示心皮与子房室及胚珠数隔开；$\underline{G}$ 表示子房上位；$\overline{G}$ 表示子房下位；$\underline{\overline{G}}$表示子房周位；$*$ 表示辐射对称花；↑表示两侧对称花；♂表示雄花；♀表示雌花；⚥表示两性花。

百合：$* P_{3+3} A_{3+3} \underline{G}_{(3:3)}$

表示：为整齐花，花被 6 数，2 轮，各轮 3 片；雄蕊群 6 枚，2 轮排列，各轮为 3 枚；雌蕊群 3 心皮组成，合生，子房上位，3 室。

紫藤：⚥↑ $K_{(5)} C_{1+2+(2)} A_{(9)+1} \underline{G}_{1:1:\infty}$

表示：为两性花，两侧对称；花萼 5 片，合生；花瓣 5 片，分离，排成 3 轮，其中有 2 个花瓣联合；雄蕊 10 个，9 个联合，1 个分离，为二体雄蕊；子房上位，单雌蕊，1 室，胚珠多个。

柳树：♂：↑$K_0 C_0 A_2$；♀：$*K_0 C_0 \underline{G}_{(2:1:\infty)}$

表示：为单性花，雄花为不整齐花，花萼、花冠都无，只有 2 枚雄蕊；雌花为整齐花，无花萼、花冠，子房上位，2 心皮，1 子房室，胚珠多个。

2. 花图式

用花的横切面简图来表示花各部分的数目、离合情况，以及在花托上的排列位置，即花的各部分在垂直于花轴平面上所做的投影图称为花图式。图中上方的小点表示花轴或花序轴，这是绘制花图式的定位点；最外层的弧线表示苞片，向内的弧线表示花萼；内方的弧线表示花冠，雄蕊和雌蕊就以它们的实际横切面图表示，可以看到合生或分离、整齐或不整齐等排列情况（见图 1—49）。

图 1—49　百合和紫藤的花图式

三、花序的类型

被子植物的花，有的是单独一朵生在枝顶或叶腋，称为单生花或单顶花，如玉兰、牡丹、芍药、莲、桃等。但大多数植物的花，是按照某种方式，有规律地排列在一个总花柄上，称为花序。花序的总花柄或主轴称为花轴（花序轴）。花柄及花轴基部生有苞片，有的花序苞片密集一起，组成总苞，如马蹄莲、蒲公英等。有的苞片转变为特殊形态，如禾本科植物小穗基部的颖片。

依照花序上花朵开放的顺序可将花序分为两大类，一类是无限花序，另一类是有限花序。

1. 无限花序

无限花序也称为总状类花序，花序的主轴在开花期间，可以继续生长，向上伸长，不断产生苞片和花芽，犹如单轴分枝，所以也称为单轴花序。无限花序开花的顺序是花序轴基部的花最先开放，然后向顶端依次开放。如果花序轴短缩，花朵密集，则花由边缘向中央依次开放。无限花序又可以分成简单花序和复合花序两类。

（1）**简单花序**　花序轴不分枝的花序称为简单花序。常见的类型见表1—27、表1—28。

表1—27　**无限花序的类型（一）**

类型	总状花序	穗状花序	伞形花序	伞房花序（平顶总状花序）
图例	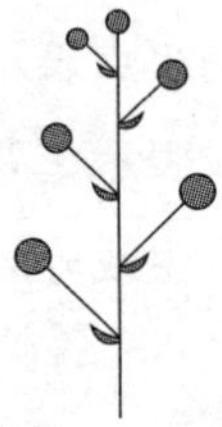		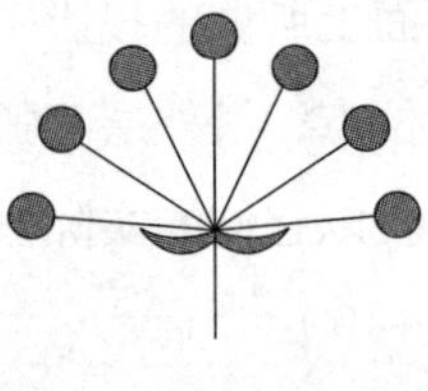	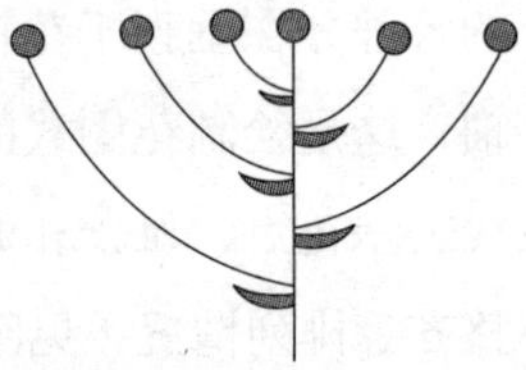
主要特点	花轴单一，较长，自下而上依次着生有柄的花朵，各花的花柄大致等长	花轴单一，花轴直立，较长，上面着生许多无柄的两性花	花轴短缩，大多数花着生在花轴的顶端，每朵花有近于等长的花柄，在花轴顶端的排列呈伞形，开花的顺序是由外向内	着生在花轴上的各花，花柄长短不等，下面的较长，然后自下而上逐步缩短，各花的顶端几乎排列在同一个平面上
实例	紫藤、刺槐等	车前、马鞭草等	五加、常春藤、报春花等	梨、苹果、樱花等

表 1—28　　无限花序的类型（二）

类型	柔荑花序	肉穗及佛焰花序	头状花序	隐头花序
图例				
主要特点	花轴上着生许多无柄或短柄单性花，有的花轴柔软下垂，但也有直立的；雄花序开花后整个花序一起脱落，雌花序于果实成熟后也整个脱落	与穗状花序相似，但花轴粗短、肥厚而肉质化，上着生多数单性无柄的小花。在肉穗花序外面还包有一片大型苞片的，称为佛焰花序	花轴极度缩短而膨大或扁平，许多无柄或近无柄的花集生其上，形成一头状体或盘状体，各苞片常集成总苞	花轴特别肥大而呈凹陷状，很多无柄小花着生在凹陷的内壁上，几乎全部隐没，外表看不到花的形态，仅留一小孔与外面相通
实例	杨、柳、桑、枫杨等	天南星、半夏、芋等	金盏菊、蒲公英、向日葵等，为菊科植物所特有	无花果、榕树等

（2）**复合花序**　花序轴分枝，每一分枝上呈现一个简单花序的称为复合花序。常见的复合花序有以下几种：

1）圆锥花序或复总状花序。花序轴上分生许多小枝，每小枝自成一总状花序，如南天竺、丝兰等。

2）复穗状花序。花序轴有 1 或 2 次分枝，每小枝自成一个穗状花序，即小穗，如小麦、马唐等。

3）复伞形花序。花序轴顶端丛生若干长短相等的分枝，各分枝为一个伞形花序，如前胡、小茴香等。

4）复伞房花序。花序轴上的分枝成伞房状排列，每一分枝又为一个伞房花序，如花楸属。

5）复头状花序。单头状花序上具分枝，各分枝又自成一头状花序，如合头菊等。

2. 有限花序

有限花序也称聚伞类花序，其特点和无限花序相反，花轴顶端的顶花先开放，限制了花轴的继续生长，各花的开放顺序是由上而下，或由内而外。有限花序又可分为以下几种类型（见表 1—29）。

表 1—29 有限花序的类型

类型	单歧聚伞花序		二歧聚伞花序	多歧聚伞花序
	蝎尾状聚伞花序	螺旋状聚伞花序		
图例				
主要特点	主轴顶端先开一花，然后在顶花的下面左、右间隔生出侧枝，分枝与花不在同一平面上，侧枝上又可分枝，着生花朵如前	主轴顶端先生一花，然后在顶花的下面向着一个方向依次分出侧枝，侧枝上又可分枝，着生花朵如前	主轴顶端先生一花，顶花下的主轴向着两侧各分生一枝，枝的顶端开花，每枝再在两侧分枝，如此反复进行	轴顶端发育一花后，顶花下的主轴上同时产生数个分枝，各分枝发育成花后，以后又以同样方式分枝
实例	如萎陵菜、唐菖蒲等	如勿忘草等	如大叶黄杨、元宝枫、石竹科植物	如榆、大戟等

四、禾本科植物花的形态特点

禾本科植物的花为穗状、复穗状花序，或由复穗状花序组成圆锥花序。穗状花序由多数小穗组成，小穗包含一至多朵小花，每一小穗的基部有一对颖片，分别称为外颖和内颖，相当于花序外面的总苞片，颖片上方沿小穗轴着生小花。每一朵小花有一对稃片，外稃较大，内稃较小；内、外稃相对嵌合成一花，外稃的先端常有芒或无芒。每一小花通常有 3 或 6 枚雄蕊，雌蕊由 2～3 个心皮构成，但只有 1 室，柱头常呈羽毛状。在雌蕊的基部有 2～3 枚膜质鳞片，称为浆片；开花时浆片吸水膨胀，将内、外稃撑开以便于受粉。

五、被子植物花的发育及双受精作用

1. 雄蕊的发育特点

雄蕊由花药和花丝组成，花药由花粉囊和药隔组成，药隔是花丝与花药的相连处，位于花粉囊之间，花粉囊的发育过程图解如图 1—50 所示。花粉囊的主要作用是产生花粉粒，当发育成熟时，外面的表皮及纤维层常裂开，花粉粒随即散发出来，借助风或昆虫进行传粉（见图 1—51）。

花粉粒的形态各异，大小一般为 15～20 μm。最大的如紫茉莉为 250 μm，属巨型粒；最小的为高山勿忘草，仅 2.5～3.5 μm，属微型粒。花粉生活力因植物种类而异，既决定于植物的遗传性，又受环境条件的影响。温度、相对湿度和气体环境是影响花粉生活力的主要因素。降低温度（如用超低温、-192℃的液态空气或 -196℃的液态氮）、真空和快速冷冻等，可大幅度地延长花粉生活力。

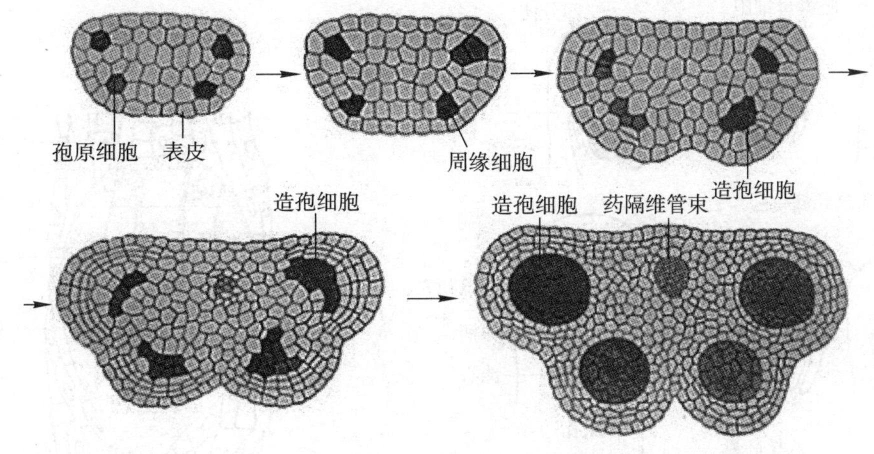

图 1—50　花粉囊的发育过程

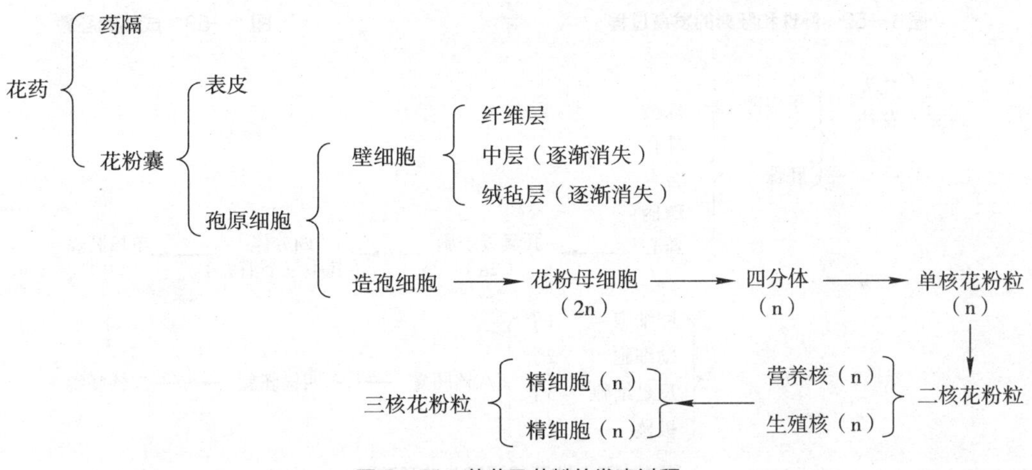

图 1—51　花药及花粉的发育过程

通过利用花药或花粉粒进行离体培养，使之长出愈伤组织或胚状体，然后由其分化成植株，这些植株就称为花粉植物。由于花粉植物为单倍体，故又称为单倍体植物；花粉植物不能正常开花结实，需经人工或自然加倍，才能正常结果。

2. 雌蕊的发育特点

心皮卷合成雌蕊时，其上端为柱头，中间为花柱，下端为子房。子房内是由心皮卷合而成的腔室，称为子房室，室内着生着胚珠，胚珠的数目随植物种类不同而异。雌蕊经过一系列的发育过程最后形成成熟的胚囊——八核胚囊（见图 1—52、图 1—53），雌蕊和胚囊的发育过程如图 1—54 所示。少数植物的胚囊为四核，如柳叶菜植物的胚囊只有一个极核，而且缺少反足细胞。

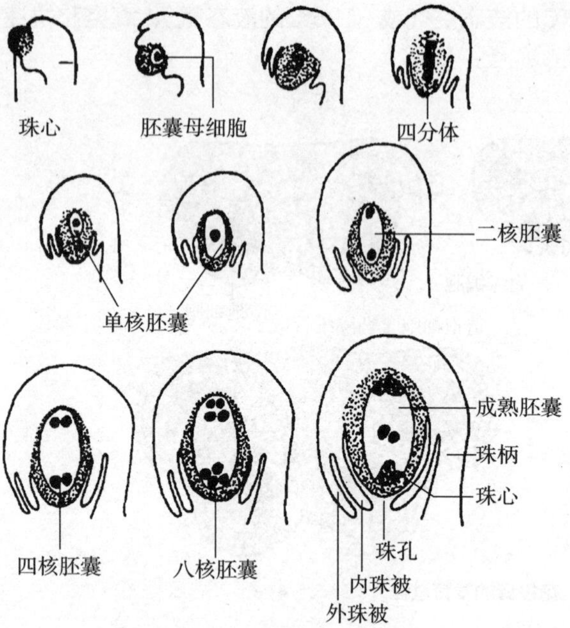

图 1—52 胚珠和胚囊的发育过程

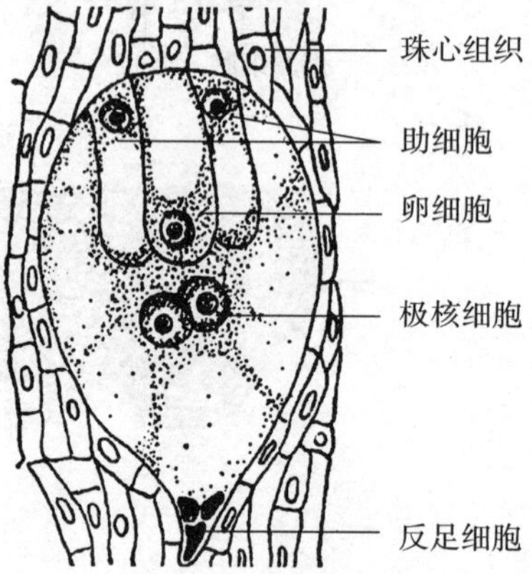

图 1—53 成熟的胚囊

雌蕊 { 柱头、花柱、子房 }

子房 { 子房壁、胚珠 }

胚珠 { 珠被、珠孔、合点、珠柄、珠心 }

珠心 → 胚囊母细胞（2n）→ 四分体（其中三个消失）→ 单核胚囊（n）

单核胚囊 → 二核胚囊 → 四核胚囊 → 八核胚囊 { 卵细胞 1个、助细胞 2个、反足细胞 3个、极核 2个 }

图 1—54 雌蕊和胚囊的发育过程

3. 开花与传粉

（1）开花　当花粉粒和胚囊（或二者之一）发育成熟时，花萼和花冠就随着展开，露出雌、雄蕊，这种现象称为开花。

一年生植物当年开花、结果后即死亡。二年生植物第二年开花、结果后即死亡。多年生植物要到一定年龄才开花，例如桃的实生苗要 3～5 年才开花，椴树要 20～25 年才开花，以后每年均可开花。少数多年生植物如毛竹，只开一次花，开花后即死亡。

花期的长短因植物种类不同而不同，如樱花、梨花的花期只有数天，而月季的花期可维持数月，花期的长短不仅与植物的遗传特性有关，还与肥料、温度、湿度等外界条件的影响有关。不同植物花的寿命也不同，寿命最短的是昙花，开花时间仅 1～2 h 即凋谢；

菊花、腊梅花的寿命较长；热带的兰科植物，每朵花可开放1~2个月。掌握植物的开花特征，在植物栽培与杂交育种工作中显得特别重要。

（2）**传粉** 开花以后，成熟的花粉粒通过各种媒介传到雌蕊柱头上，这一过程叫作传粉。传粉是植物有性生殖不可缺少的环节，植物传粉有自花传粉和异花传粉两种，传粉的媒介主要有风和昆虫。

1）自花传粉和异花传粉。成熟的花粉粒落到同一朵花的雌蕊柱头上，称为自花传粉。在生产上，自花传粉的范围相对要广泛些，在农作物中，包括同株异花间的传粉；在果树栽培上，包括同品种异株间的传粉。自花传粉会引起闭花受精，长期的自花传粉，会引起种质的逐渐衰退。

一朵花的花粉粒传到另一朵花的柱头上，称为异花传粉。在农作物中，包括不同植株间的传粉；在果树栽培上，包括不同品种间的传粉。异花传粉能产生生活力较强的后代。在植物的进化过程中，异花传粉已成为大多数植物的生物学特性，如单性花植物、雌雄异株植物、雌雄异熟植物等都是适应异花传粉而逐渐形成的。

2）异花传粉的媒介。异花传粉的媒介主要是风和昆虫，由此可分为风媒花和虫媒花两类（见表1—30）。

表1—30　　风媒花和虫媒花的主要区别

种类	概念	主要特点	实例
风媒花	靠风力传粉的花	花被细小或不存在，无鲜艳的颜色，无香气，无蜜腺，花丝细长；花粉小、轻、多，外壁光滑，有的具有羽状柱头和下垂的花丝，或具有柔软下垂的花序	裸子植物，禾本科、莎草科植物，木本植物中的栎、杨、桦木等
虫媒花	靠昆虫传粉的花	花被通常具有鲜艳的色彩，花大，香气浓，具蜜腺或花盘；花粉粒大、重，外壁粗糙，或结合成花粉块	多数有花植物是依靠昆虫传粉的，如泡桐、茶等

常见的传粉昆虫有蜂、蚁、蝶、蛾、蝇类等。

在自然界中，还有些植物靠水传送花粉，例如水生植物中的金鱼藻。在植物栽培及育种工作中，常用人工授粉的方法进行传粉。如雪松的雌、雄花不同时成熟，可以采用人工授粉的方法以达到结籽的目的。

4. 双受精作用

传粉后，花粉粒落到雌蕊的柱头上，生理上相适应的花粉粒在柱头液的影响下开始萌发长出花粉管，花粉管开始生长，经花柱进入子房最后进入八核胚囊。花粉管进入胚囊

后，释放其中的两个精子和一个营养核。两个精细胞分别转移至卵细胞和极核细胞附近，并分别与卵核和极核接触、融合，这种两个精子分别与卵细胞和极核细胞相融合的现象称为双受精作用（见图 1—55）。

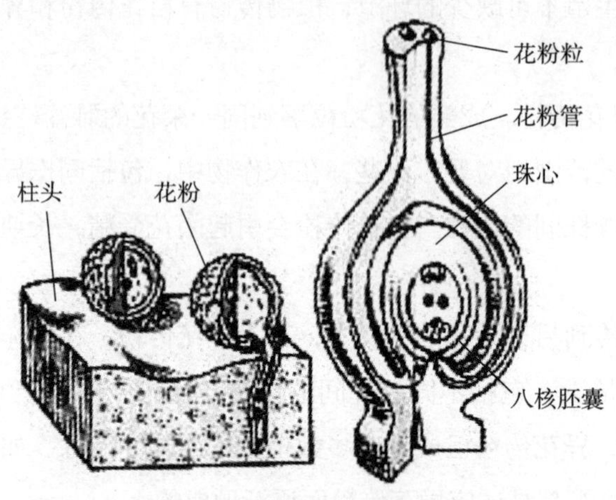

图 1—55　被子植物的双受精作用

双受精作用具有重要的生物学意义：

（1）双受精是被子植物共有的特征，是植物系统进化与高度发展的一个重要标志。

（2）精细胞、卵细胞融合，形成了具双重遗传特性的合子，其后代保持了物种遗传的相对稳定性。

（3）精子与中央细胞融合，形成了三倍体的初生胚乳核，生理上更活跃，为胚的发育提供更适宜的营养，使子代的适应性、生活力更强。

（4）由于减数分裂过程中，同源染色体联合或染色体片段互换，因此，在此基础上分裂产生的精细胞、卵细胞的遗传物质已出现新的变异，物种的适应性增强。

六、果实与种子形成

受精后，花各部分发生了很大的变化，胚珠发育成种子，整个子房发育成果实。被子植物由花发育成果实的过程如图 1—56 所示。

在一般情况下，必须经过受精作用，子房才能发育为果实。但也有些植物不经过受精，子房也能长大为果实，称为单性结实。单性结实可自然发生，如葡萄、柑橘、凤梨、柿子都有单性结实现象，具有这种特性的植物，能结出无籽果实，可以用营养繁殖来保存这些珍贵的品种。单性结实也可由人工刺激形成，如番茄用 2，4—D 溶液喷在半开的花朵上，可获得无籽果实。

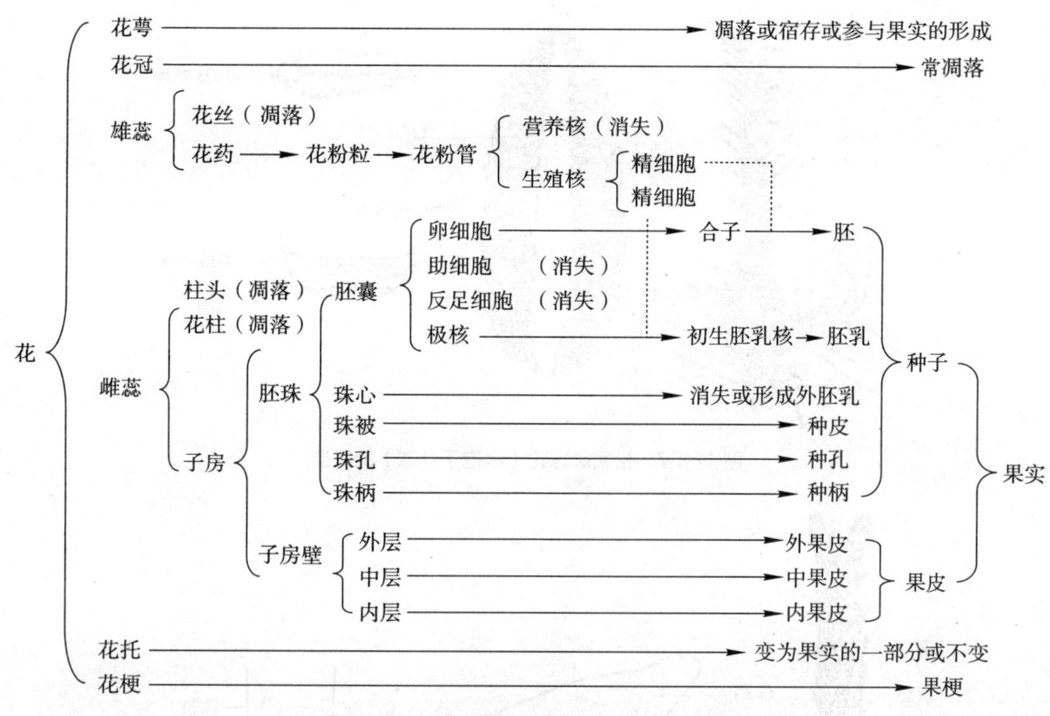

图 1—56　被子植物由花发育成果实的过程

七、裸子植物生殖器官的发育及生殖过程特点

裸子植物是比被子植物更原始的种子植物，如松属、杉属、冷杉属、云杉属及落叶松属等。现以松属为代表，说明裸子植物的生殖器官及其发育和生殖过程。裸子植物没有真正的花，它们的生殖器官称为雌球花（大孢子叶球）和雄球花（小孢子叶球）。

松属植物在生殖时，在当年的枝条基部产生许多黄色的雄球花，在同一枝条的顶端生长数个雌球花。雄、雌球花都由许多鳞片组成，鳞片螺旋状着生于中轴上（见图 1—57、图 1—58）。雄球花的每一鳞片背面着生两个花粉囊，花粉粒在花粉囊内发育。雌球花的每一鳞片腹面基部着生两个胚珠，称为珠鳞，珠鳞的背面有苞片，称为苞鳞。胚珠在珠鳞上裸生，因此称为裸子植物。

裸子植物的生殖过程与被子植物不同，松属的生殖过程如图 1—59 所示。

裸子植物的生殖过程主要具有以下特点：

1. 花粉管中虽然也有两个精子发育，但仅有一个精子进行受精，另一个精子消失，没有双受精现象。

2. 胚乳是由经过减数分裂而未受精的单倍体细胞发育而成。

3. 卵细胞在颈卵器内发育。

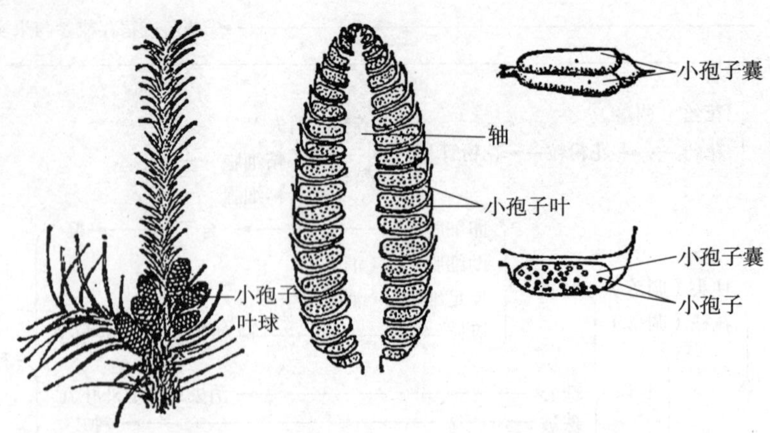

图 1—57 松属雄球花（小孢子叶球）的构造

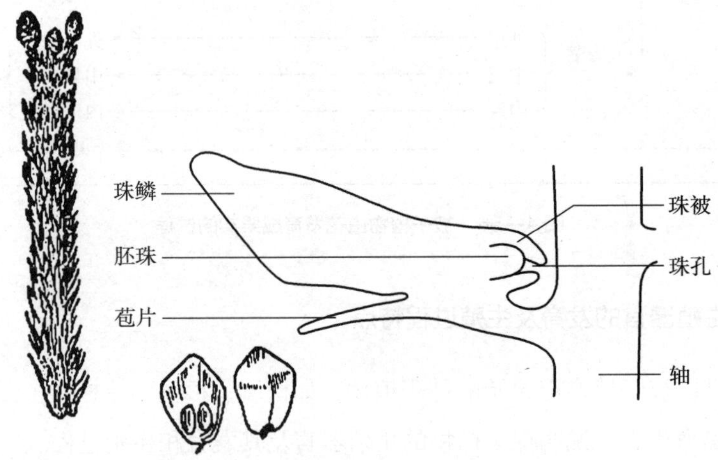

图 1—58 松属雌球花（大孢子叶球）的构造

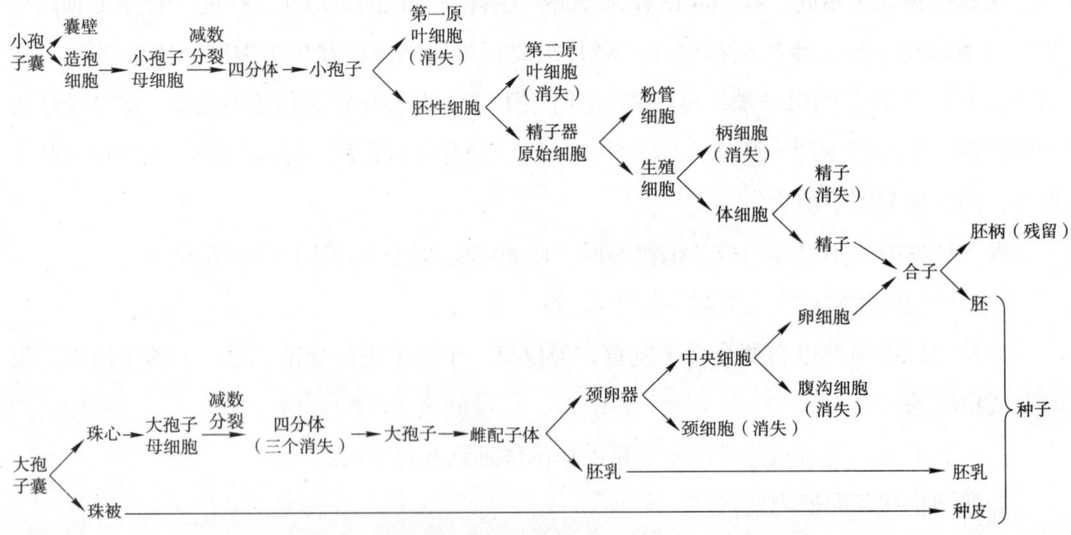

图 1—59 松属的生殖过程

思考与练习

1. 取一朵正在开放的花，描述其各个部分。

2. 花程式与花图式各有何特点?

3. 什么是传粉？为什么异花传粉具有优越性?

4. 精子和卵细胞是怎样发育形成的？说明双受精作用的意义。

5. 果实和种子是由花的哪些部分发育来的?

实训一　观察花的形态

一、实训目的

通过对花、花序的观察，了解被子植物花和花序的结构特点。

二、实训材料和用具

放大镜、有关花形态的植物标本、挂图。

三、实训内容

1. 花的结构观察

选典型单被花、典型两被花的花；不整齐花、合瓣花及其他有代表性的花进行观察。观察内容包括：花被、花性、花冠形状、排列形式、雄蕊特征、子房位置、胎座形式，区别完全花与不完全花。

2. 花冠类型的观察

蔷薇花冠、十字形花冠、蝶形花冠、轮状花冠、漏斗状花冠、喇叭状花冠、筒状花冠、舌状花冠等。

3. 花序的观察

选十字花科总状花序、车前草穗状花序等有代表性的花序类型进行观察。

观察内容包括：总状花序、穗状花序、肉穗花序、伞形花序、伞房花序、头状花序、隐头花序、复总状花序、复穗状花序、复伞形花序、复伞房花序等。

四、实训报告

1. 绘图记录所观察到的各种花冠。

2. 绘出各种花序的示意图，并注明各部分名称。

第五节
果实

教学目标

◇能区分果实的类型，掌握其识别要点

◇能用有关术语描述植物的果实

果实是被子植物特有的繁殖器官，一般是由受精后的子房发育形成，果实的构造包括果皮和种子两部分。果皮包被着种子，具有保护种子和散布种子的作用。

一、果实的构造

果实由果皮和种子两部分构成。果皮分为外果皮、中果皮和内果皮三层，内果皮以内为种子（见图 1—60）。植物种类不同，果皮的结构、色泽、质地及各层的发育程度和变化是很大的，有时三层结构不易彼此区分。

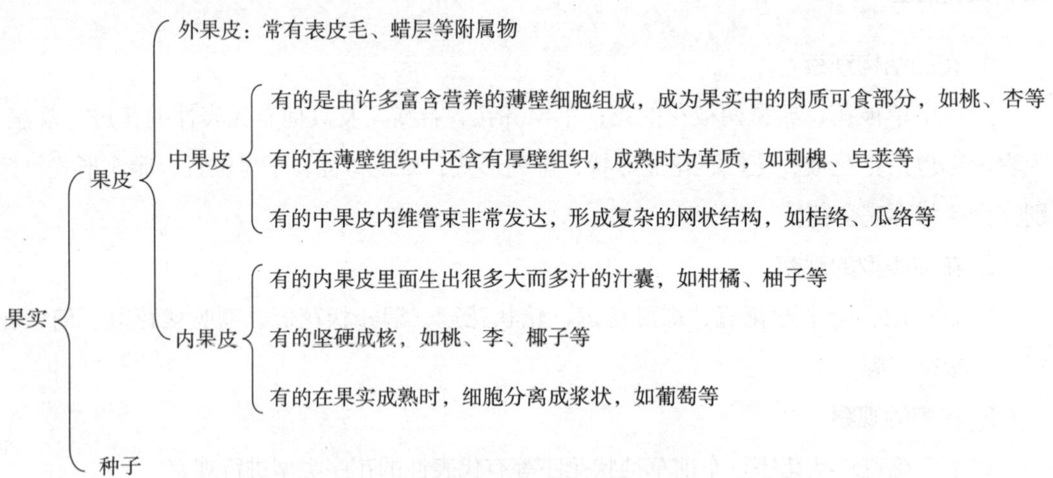

图 1—60　果实的构造

一般而言，受精作用以后，子房或与子房相连的部分迅速生长，逐渐发育成果实。但有的植物在自然状况或人为控制的条件下，不经过受精，子房也能发育为果实，称为单性结实。单性结实的果实里面不含种子，为无籽果实，如凤梨、葡萄、柑橘、香蕉等都有单性结实现象。

单性结实必然产生无籽果实，但并非所有的无籽果实都是单性结实的产物。有些植物开花、传粉和受精以后，胚珠在发育为种子的过程中受到阻碍，也会形成无籽果实。生产上应用植物生长调节剂也可以诱导单性结实。如用 30～100 ppm 的吲哚乙酸和 2，4-D 等的水溶液，喷洒番茄、西瓜、辣椒等临近开花的花蕾，或用 10 ppm 的萘乙酸喷洒葡萄花序，都能得到无籽果实。

二、果实的类型

1. 真果和假果

果实可单纯由子房发育而成，称为真果，如桃、李等的果实。有些植物的果实，除子房外，还有花的其他部分，如花托、花萼、花冠，甚至是整个花序一起参与形成果实，这类果实称为假果，如梨、苹果、桑葚等的果实（见图 1—61）。

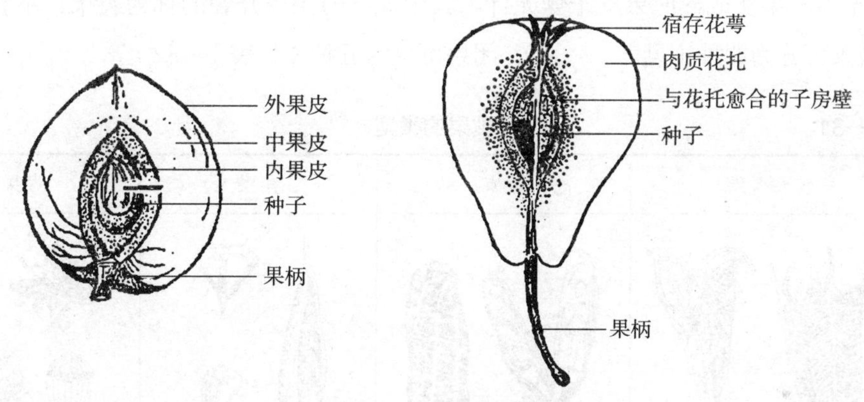

图 1—61　真果与假果

2. 单果、聚合果和聚花果

（1）单果　由一朵花中的单雌蕊或复雌蕊发育形成的果实称为单果。大多数果实属于此类型，如桃、苹果、李等。单果中有些是真果，也有些是假果。单果可以单独存在，也是组成聚合果或聚花果的基本单位。

根据果皮的性质与结构，单果可分为肉质果与干果。

1）肉质果。果实成熟时果皮肥厚、肉质多汁。肉质果又可分为下列几种（见图 1—62）。

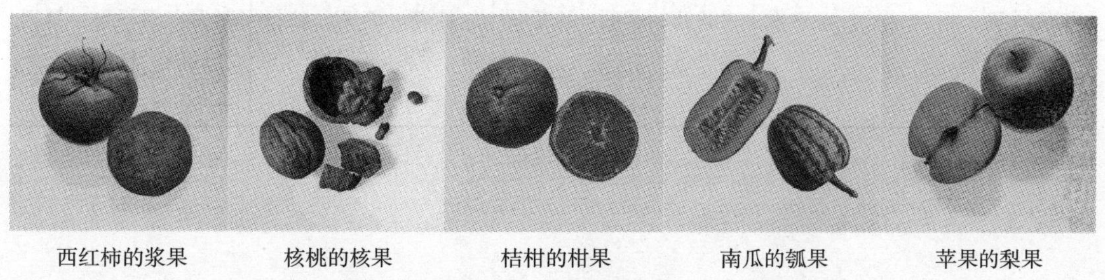

图 1—62　肉质果的类型

①浆果。外果皮薄，中果皮及内果皮肥厚、肉质多汁，内含一至数粒种子。如西红柿、葡萄、紫叶小檗等。

②核果。外果皮薄，中果皮肥厚、肉质，内果皮坚硬成果核。如核桃、桃、李、橄榄、樟树等。

③柑果。外果皮革质，含大量油囊，中果皮疏松为纤维状，即橘络，内果皮膜质囊状，为可食部分。是芸香科柑橘属植物特有的果实类型，如柑、橘、橙、柚等。

④瓠果。花托与外果皮合成坚韧的外层，中果皮、内果皮及胎座肥厚、肉质，瓠果为葫芦科植物所特有，如南瓜、黄瓜、冬瓜等。

⑤梨果。外果皮、中果皮与花托、萼筒发育为肥厚的果肉，为可食部分，内果皮纸质或革质，俗称“果心”，如苹果、梨、山楂等。

2）干果。果实成熟时果皮干燥无汁。其中成熟时果皮开裂的称为裂果，不裂的称为闭果。裂果可分为四种（见表 1—31），闭果可分为五种（见表 1—32）。

表 1—31　　裂果的类型

类型	蓇葖果	荚果	角果	蒴果
图例				
特点	由单心皮或离生心皮雌蕊发育而成，成熟时沿背缝线或腹缝线一边开裂	由单心皮雌蕊发育而成，成熟时沿背缝线和腹缝线两边开裂。也有的荚果呈分节状，成熟后也不开裂	由 2 心皮组成的雌蕊发育而成的果实，内具假隔膜，其上着生种子，成熟时沿两侧腹缝线开裂	合生心皮的复雌蕊子房发育而成，开裂方式有纵裂、孔裂和周裂等
实例	耧斗菜、飞燕草、芍药、梧桐、牡丹、绣线菊等	豆类植物，如国槐、锦鸡儿、紫荆、红花羊蹄甲等	十字花科植物特有，如油菜、荠菜、独行菜、萝卜、白菜等	紫堇、乌桕等为室背开裂；牵牛、杜鹃等为室间开裂；罂粟为孔裂；马齿苋、车前为周裂

表 1—32　　闭果的类型

类型	颖果	瘦果	翅果	坚果	分果
图例					
特点	由2～3心皮雌蕊发育而成，成熟时果皮与种皮愈合不能分离，只含一粒种子	由1～3心皮雌蕊发育而成，成熟时果皮易与种皮分离，只含一粒种子	由2心皮雌蕊发育而成，果皮向外延展成翅状，只含一粒种子	由2～3心皮雌蕊发育而成，果皮木质化而坚硬，含一粒种子，果实外常有总苞包被	由2心皮以上的复雌蕊发育而来，各室含一枚种子，成熟时沿中轴彼此分开
实例	玉米、小麦、毛竹、水稻等	向日葵、蒲公英等	枫杨、红枫、白榆、白蜡、臭椿等	板栗、辽东栎等	蜀葵、锦葵等

（2）聚合果　一朵花中多数彼此分离的单雌蕊各自发育成小果，并聚生在同一花托之上，共同组合成一大果实，称为聚合果。按小果的类型可分为聚合瘦果，如草莓、毛茛、蛇莓等的果实；聚合蓇葖果，如牡丹、玉兰、绣线菊、八角茴香等的果实；聚合核果，如黑莓等的果实；聚合坚果，如莲的果实等（见图 1—63）。

草莓的聚合瘦果

八角的聚合蓇葖果

黑莓的聚合核果

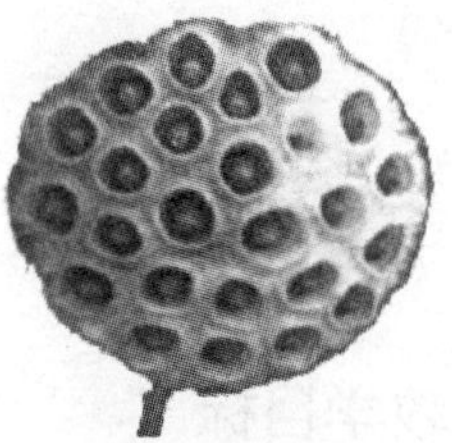
莲的聚合坚果

图 1—63　聚合果的类型

（3）聚花果　由整个花序发育而来的果实，称为聚花果或花序果，也称复果。从发育来源上讲，聚花果都是假果，如桑葚、凤梨、无花果等，无花果的果实是由隐头花序形成的复果，特称为隐头果（见图 1—64）。

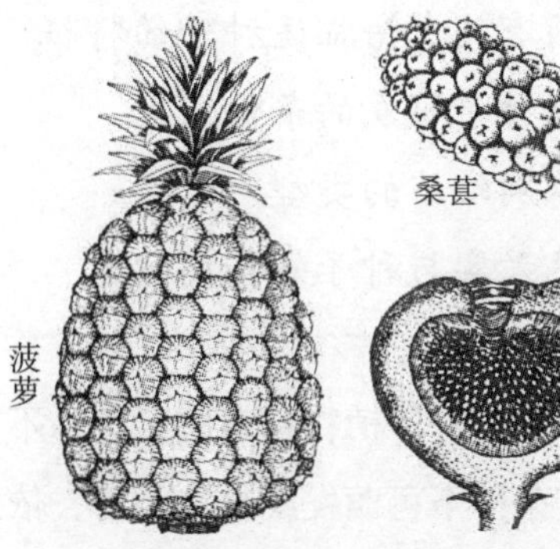

图 1—64　聚花果的类型

思考与练习

1. 简述果实的构造及特点。

2. 如何区分真果与假果？请举例说明。

3. 果实如何分类？举例说明各类果实的主要识别要点。

实训二 观察果实

一、实训目的

观察掌握种子植物各种果实类型和辨别特征。

二、实训材料和用具

显微镜、培养皿、各种类型的果实。

三、实训内容

观察单果、聚合果；观察苹果、梨和桃等果实，区别真果和假果；观察西红柿、板栗等果实，区别肉质果和干果；观察各种裂果的类型；观察闭果及特殊果实。

四、实训报告

写出所观察的各种果实，并画出结构示意图。

第六节
种子

教学目标

◇能识别种子的类型，掌握其主要功能

◇能用有关术语描述种子的特征

◇掌握种子萌发的条件

◇能识别幼苗的类型

◇熟悉果实与种子的传播方式

种子是种子植物特有的器官，不同类型的园林植物具有不同形态与构造的种子。种子在一定条件下可萌发成长为幼苗，依据种子萌发时子叶的生长情况，可将幼苗分为子叶出土型幼苗和子叶留土型幼苗两种类型。

一、种子的形态及构造

1. 种子的形态

种子的形状、颜色、大小因植物种类不同而异。椰子的种子很大，直径约 15 cm；兰花、桉树的种子则较小；蚕豆、菜豆的种子为肾脏形，而豌豆、龙眼的种子为圆球状；油茶种子粗糙，而皂荚种子光滑；卫矛种子有肉质种皮，而美人蕉、鹤望兰、荷花种皮较厚且坚硬。种子颜色以褐色和黑色较多，但也有其他颜色，如豆类种子就有黑、红、绿、黄、白等颜色。

2. 种子的构造

种子的外面是种皮，种子里面有胚，有些植物的种子中还有胚乳。

（1）种皮　种皮是种子外面的保护层，有些植物的种皮仅一层，有些植物则具内、外两层种皮，内种皮薄而软，外种皮厚而硬，且常具光泽、花纹或附属物。如乌桕种皮外有白蜡层，油松种子外有翅，楸树种皮外有纤维毛等。

成熟的种子，种皮上一般还有种脐、种孔、种脊等部分。种脐是种柄脱落后留下的痕迹，它在豆类种子中最明显。种脐的一端有种孔，当种子发芽时，种皮沿种孔处裂开，伸出胚根。种脐的另一端与种孔相对处通常隆起，称为种脊（见图 1—65）。

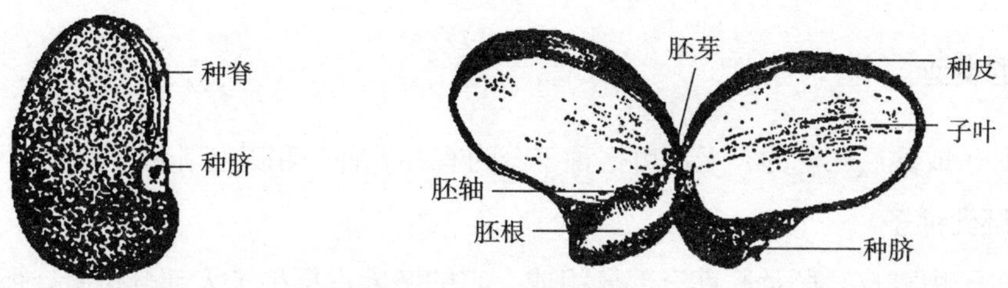

图 1—65　刺槐的种子

此外，有的植物如橡胶树、蓖麻等种皮下端有海绵状的突起，称为种阜（见图 1—66），有的植物如荔枝、龙眼、卫矛种子具有假种皮，荔枝、龙眼的食用部分即为假种皮（见图 1—67）。

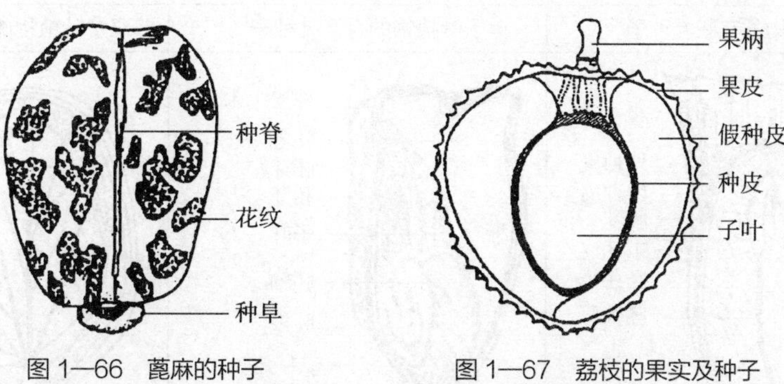

图 1—66　蓖麻的种子　　图 1—67　荔枝的果实及种子

（2）胚　胚是构成种子最重要的部分，由胚芽、胚根、胚轴和子叶四部分组成。胚中

的子叶数常作为植物分类依据之一。在被子植物中，仅有 1 个子叶的称为单子叶植物，具有 2 个子叶的称为双子叶植物。裸子植物的子叶数目不定，有些只有 2 个，如金钱松、扁柏等；也有的具 2~3 个，如银杏、杉木等；而松属常有 7~8 个。由于裸子植物的子叶数较多，习惯上称为多子叶植物。

（3）胚乳　胚乳位于种皮和胚之间，是种子内贮藏营养物质的组织。无胚乳种子的子叶肥大发达，代替胚乳的贮藏功能。种子内贮藏的营养物质因植物种类不同而异，主要有淀粉、脂肪和蛋白质。如板栗的子叶贮藏大量淀粉，红松种子的胚乳以及核桃的子叶贮存大量的脂类，银杏的胚乳及大豆的子叶贮藏大量蛋白质等（见图 1—68）。

种皮
- 种皮（上有种脐、种孔等附属物）
  - 外种皮：较厚而硬，常具有附属物
  - 内种皮：较薄而软
- 胚
  - 胚芽：在胚轴上端，禾本科种子的胚芽外有胚芽鞘
  - 子叶：着生在胚轴上端的两侧或周围，数目1片、2片或多片，是吸收和贮藏养料的组织
  - 胚轴：胚的中轴，上连胚芽，下连胚根，其上着生子叶
  - 胚根：在胚轴下端，禾本科种子的胚根外有胚根鞘
- 胚乳（有或无）：位于种皮与胚之间，是贮藏养料的组织

图 1—68　种子的基本构造

二、种子的类型

根据种子成熟后胚乳的有无，可把种子分为有胚乳种子和无胚乳种子两种类型。

1. 有胚乳种子

这类种子由种皮、胚及胚乳三部分组成，它的胚乳占据种子大部分位置。所有裸子植物、大多数单子叶植物以及许多双子叶植物的种子属于这种类型（见表 1—33）。

表 1—33　有胚乳种子的类型

种类	有胚乳种子		
	裸子植物的有胚乳种子	单子叶植物的有胚乳种子	双子叶植物的有胚乳种子
图例	翅 外种皮 内种皮 胚乳 子叶 胚芽 胚轴 胚根 胚柄	种皮（果皮） 胚乳 胚芽鞘 胚芽 子叶 胚轴 胚根	种皮 胚乳 子叶 胚芽 胚轴 胚根

续表

种类	有胚乳种子		
	裸子植物的有胚乳种子	单子叶植物的有胚乳种子	双子叶植物的有胚乳种子
实例	马尾松、油松等	竹类、禾本科植物等	油桐、玉兰、桑、柿等
特点	具两层种皮，种皮外常具翅，内方是胚乳，胚乳呈筒状，胚为棒状	种皮与果皮愈合，内方是胚乳，胚芽外有胚芽鞘，胚根外有胚根鞘，子叶 1 片	具两层种皮，内方是胚乳，胚乳成两瓣状对合生长，子叶 2 片，膜质

2. 无胚乳种子

许多双子叶植物，如豆类、核桃、刺槐及柑橘类等植物的种子以及部分单子叶植物如慈姑等植物的种子都缺乏胚乳，属无胚乳种子。

无胚乳种子只有种皮和胚两部分，其胚乳不发育，而子叶肥厚，贮藏大量养料。例如豆类种子，剥开种皮可见两片肉质肥厚的子叶，子叶无脉纹，着生于胚轴上。两片子叶之间为胚芽，胚芽另一端为胚根（见图 1—69）。

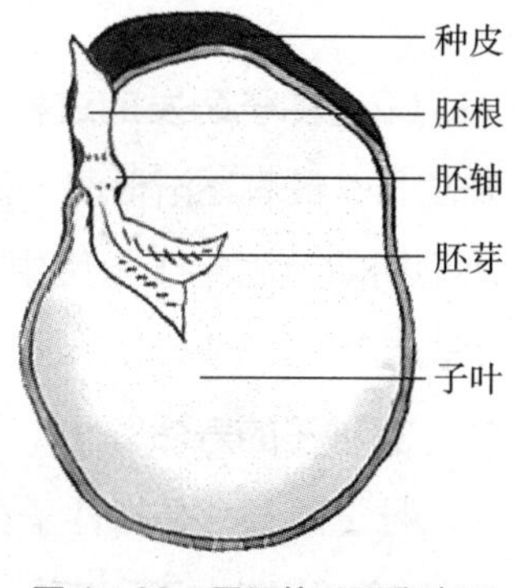

图 1—69　蚕豆的无胚乳种子

三、种子的萌发与幼苗的类型

1. 种子的休眠

种子成熟后，一般在适宜的外界条件下便可萌发形成幼苗。但有些植物的种子，即使已经成熟，并给予适宜的条件仍不能萌发，这种现象称为种子的休眠（见表 1—34）。

表 1—34　种子的休眠

种子休眠的原因	胚以外的原因造成的	胚本身原因造成的	
		胚未发育完全	生理后熟
种子休眠的特点	种皮坚硬不透水、不透气	外形上完全，但胚尚未成熟	胚已成熟，但因代谢上存在某些障碍而不能萌发
打破休眠的措施	机械擦伤、化学药剂处理	让种子吸水后保持在合适的条件下一段时间	干藏后熟、光敏处理、低温处理等
实例	豆科植物如刺槐、合欢、皂荚等	银杏、欧洲白蜡、驴蹄草等	月见草、黑麦草、福禄考、山楂、枸子等

2. 种子的萌发

具有萌发力的种子，在适宜的条件下，胚由休眠状态转入活动状态，开始萌发生长，形成幼苗，这一过程称为种子萌发。

（1）种子萌发的条件　种子萌发的条件见表 1—35。

表 1—35　**种子萌发的条件**

种子萌发的条件	充足的水分	适宜的温度	充足的氧气
各因子的作用	使种皮软化，增加透水性和透气性；有助于胚细胞代谢活动的加强；有利于种子内贮藏的复杂有机物的分解等	影响呼吸作用、酶的活性、水分的吸收、气体交换等，大多数植物种子萌发的最适宜温度为 25～30℃	种子吸水膨胀，呼吸作用加强，需要吸收大量氧气，提供种子萌发所需的能量

（2）种子萌发的过程　种子萌发时，首先吸水膨胀，胚细胞迅速分裂生长。通过萌发生长，最后逐渐形成一株幼小的植物——幼苗。多数种子萌发过程中根发育较早，可以使早期幼苗固定于土壤中，及时从土壤中吸取水分和养料，使幼小的植物能很快地独立生长。

3. 种子的寿命

种子的寿命是指种子在自然条件下从完全成熟到丧失生活力所经过的时间。种子寿命的长短，因植物不同而相差很大。如莲的种子寿命较长，可以活到 150 年以上，有些豆科植物“硬实”种子寿命可以有几十年，柳树种子的寿命约为三周，三叶橡胶种子的寿命约为一周，小粒杨树的种子寿命一般只有几天等。种子寿命的长短除决定于植物的遗传性外，也受储藏条件的影响。

4. 幼苗的类型

幼苗出土后，在形态上具有一般成长植物所具有的三种主要营养器官——根、茎、叶。子叶与胚芽长出的第一片真叶之间的部分称为上胚轴，子叶与初生根之间的部分称为下胚轴。胚轴的生长情况随植物种类不同而异，因而形成不同的幼苗出土情况，据此可将幼苗分为子叶出土型幼苗和子叶留土型幼苗两种类型（见表 1—36）。

此外，有些种子的萌发（如花生），兼有子叶出土和子叶留土的特点。它的上胚轴和胚芽生长较快，同时下胚轴也相应生长。所以，播种较深时，不见子叶出土；播种较浅时，则可见子叶露出土面。

子叶出土与子叶留土，反映植物体对外界环境的不同适应性。这一特性为播种深浅的栽培措施提供了依据，一般子叶出土的植物覆土宜浅，子叶留土的覆土可稍深。

表 1—36　　幼苗的类型

	子叶出土型幼苗	子叶留土型幼苗
特点	种子萌发时，下胚轴迅速伸长，将子叶、上胚轴和胚芽推出土面	种子萌发时，下胚轴不伸长，只是上胚轴和胚芽迅速向上生长形成幼苗的主茎
图例	真叶 上胚轴 子叶 下胚轴 根系	真叶 上胚轴 子叶 下胚轴 根系
隶属植物	大部分裸子植物、双子叶植物	大部分单子叶植物、部分双子叶植物
实例	油松、侧柏、刺槐等	毛竹、棕榈、蒲葵、核桃、油茶、三叶橡胶等

四、果实与种子的传播

果实和种子的散布，往往扩大了该种植物的分布范围，使其获得更有利的生长条件，有利于植物的种群繁衍。在长期的自然选择中，各种植物的果实和种子往往具备适应各种传播方式的特征和特性。

1. 借助风力传播

借助风力传播的果实和种子，大多数小而轻，且常有翅或毛等附属物。如白蜡树、榆树、槭树的果实以及松属、云杉属的种子带翅；蒲公英、铁线莲等果实及杨柳种子外面有毛等，都能随风传播到远方。

2. 借助水力传播

水流，也是传播种子和果实的一种途径，大雨常常把许多果实和种子冲到别的地方得以传播。水生植物和沼泽植物的果实或种子，多借水力传播。如莲的花托形成“莲蓬”，是由疏松的海绵状通气组织所组成，适于水面漂浮传播。陆生植物的果实也有利用水力传播的，生长在热带海边的椰子，不怕水浸，又能浮水，可借海水飘浮将果实传至远方。

3. 借助人和动物的活动传播

人类对果实和种子的传播起着重要作用，人们常有意识地采集各种种子易地繁殖，以丰富植物的种类。人和动物的某些活动，常常有意无意地帮助植物传播种子。这类植物的果实或种子常具有刺、钩或有可食的果肉，如鬼针草、苍耳等植物的种子上长着钩或者刺，可以钩在动物的皮毛或人的衣物上，被带至他处；樱桃、葡萄等果实具有美味的果肉，常被动物所吞食，这些植物种子的种皮都比较坚硬，可随粪便排出得以传播。

4. 借助植物体本身的弹力传播

有些植物是靠本身的特殊机能来传播种子的，如凤仙花、绿豆、牻牛儿苗、老鹳草等成熟时果皮会自己裂开，借助弹力作用使种子得以传播。

由于各种不同类型的果实或种子具有不同的结构及传播方式，所以进行采种工作，就必须掌握植物的果熟期及其构造特征，适时采收。

思考与练习

1. 简述种子的构造及特点。
2. 举例说明有胚乳种子和无胚乳种子。
3. 幼苗如何分类？举例说明各类幼苗的主要识别要点。
4. 举例说明果实和种子的传播方式。

实训三　观察种子的形态

一、实训目的

观察掌握种子植物种子的类型和辨别特征。

二、实训材料和用具

显微镜、培养皿、各种类型的种子。

三、实训内容

1. 种子的构造、特点及类型

（1）有胚乳种子：种皮、胚、胚乳。

（2）无胚乳种子：种皮、胚。

2. 幼苗的类型

子叶出土型幼苗、子叶留土型幼苗。

四、实训报告

写出所观察的各种果实与种子，并画出结构示意图。

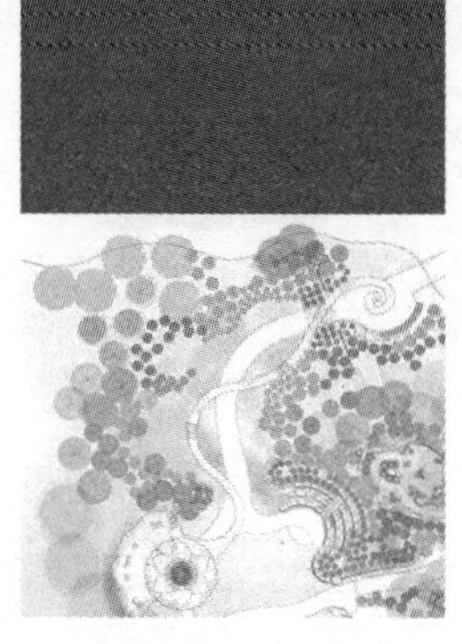

第二章

植物分类

自然界的植物种类繁多，约有 50 万余种。为了便于掌握和利用众多的植物资源，就要用科学的方法对植物进行比较和分类，按照一定的法则，用比较、分析、归纳等方法，对植物进行分类鉴定，建立分类系统，掌握植物类群间的演化及发展规律。

第一节
植物分类基础

教学目标

◇掌握双名法的命名规则

◇能使用和编写植物分类检索表

一、植物分类方法

植物分类学是一门历史较长的学科，它是人类在认识植物和利用植物的社会实践中发展起来的，它的任务不仅仅是识别物种、鉴别名称，而且要阐明物种之间的亲缘关系，并建立自然的分类系统。为了更好地发掘、利用和改造植物，就必须掌握植物分类的基础知识，对植物进行系统科学的分类。

植物分类的方法可分为人为分类法和自然分类法两种。

1. 人为分类法

人为分类法是人们为了方便，以植物的某一个或几个特征，或以植物的生态特性、经济特性等作为依据，不考虑植物间的亲缘关系和演化顺序，对植物进行分类。例如，根据植物形态习性分为乔木、灌木、草本和藤本等；根据经济特性分为药用植物、油料植物、园林绿化植物等。我国明代李时珍所著的《本草纲目》记载有植物 1 195 种，根据用途将

其分为草部、谷部、菜部、果部、木部，其中木部又细分为香木、乔木、灌木、寓木、苞木、杂木六类，这些都属于人为分类法。这种分类方法的弊端在于没有考虑植物的进化过程和亲缘关系，但具有通俗易懂、实用方便的优点。

2. 自然分类法

自然分类法是根据植物进化系统和植物间亲缘关系的远近而进行的分类。它通常反映了植物的自然历史发展规律。例如，油松和白皮松彼此间的相同点较多，在分类上隶属于同科、同属；而圆柏和水杉与它们的相同点较少，在分类学上隶属于不同科、不同属。这种分类方法不仅可以系统地辨别植物，而且可以利用植物亲缘关系的远近进行引种和育种，但在应用上不够方便。

二、植物分类的单位

种是植物分类的基本单位，是具有相似的形态特征，表现为一定的生物学特性，要求一定的生存条件，能够产生相似的后代，在自然界占有一定分布区的一类个体总和，每一个种都具有自己的特征和特性，并以此区别于其他种。如油松、月季、毛白杨、银白杨、毛竹、牡丹等都是不同的种。

分类学上把亲缘关系相近的种组合成为属，相近的属组合成为科，相近的科组合成为目，以此类推组成纲、门、界等分类单位，界是最高的分类单位。

在以上的各级分类单位中，如某一单位过大或者产生了某些特征的变异时，再划分成更细的分类单位，如亚门、亚纲、亚目、亚科、亚属、亚种、变种、变型等。

现以油松为例说明各级分类单位：

界——植物界（Plantae）

门——种子植物门（Spermatophyta）

亚门——裸子植物亚门（Gymnospermae）

纲——松柏纲（Coniferae）

目——松柏目（Coniferales）

科——松科（Hnaceae）

属——松属（Pinus）

种——油松（Pinus tabulaeformis）

三、植物的命名

植物种的名称，不但因各国语言不同而异，即使在同一国家也往往由于地区不同而出现“同物异名”或“同名异物”的现象。例如北京的玉兰，湖北叫应春花，江西叫望春花，江苏叫白玉兰；我国北方常见的毛白杨，河南叫大叶杨，也有的地方叫响杨、白杨；北方的一种小灌木（鼠李科）和南方山地常见的一种大乔木（漆树科），都被称为酸枣等。植物名称的不统一，对植物的考察研究、开发利用以及与国际国内的学术交流造成很多不便，因此，有必要给予每一种植物制定世界统一的科学名称。

1753 年，瑞典植物学家林奈提倡用拉丁文“双名法”来命名植物，后经国际植物学会公认并制定了《国际植物命名法规》，已被世界各国采用，这样的植物名称称为植物的学名。《国际植物命名法规》中规定，“双名法”是以两个拉丁词或拉丁化的词给每种植物命名，第一个词是属名，用名词，第一个字母要大写，用斜体；第二个词是种加词（种名或种区别词），一般是形容词，少数为名词，全部字母要小写，用斜体；一个完整的学名还要在种名之后附以命名人的姓氏缩写，用正体。即一个完整的学名应为：属名 + 种加词 + 命名人（缩写）。例如，银杏的学名是 ***Ginkgo biloba*** L.，其中 ***Ginkgo*** 是属名，***biloba*** 是种加词，L. 是命名人林奈（Linnaeus）的缩写；银白杨的学名是 ***Populus alba*** L.，其中 ***Populus*** 是属名，***alba*** 是种加词，L. 是命名人林奈（Linnaeus）的缩写。种以下分类单位有亚种、变种、变型等，它们的命名见表 2—1。

表 2—1　　亚种、变种、变型等的命名

分类单位	亚种 subspecies	变种 varietas	变型 forma	栽培变种 cultivar
缩写形式	ssp. 或 subsp.	var.	f.	cv.
命名规则	在原种学名后面加上 ssp. 或 subsp.，再接上亚种加词和亚种命名人姓名	在原种学名后面加上 var.，再接上变种种加词和变种命名人姓名	在原种学名后面加上 f.，再接上变型加词和变型命名人姓名	在原种学名后面加上 cv.，再接上栽培种名，不写命名人姓名
举例	凹叶厚朴为厚朴的亚种，其学名为 *Magnolia officinalis* Rehd.et Wils. ssp.*biloba*（Rehd.et Wils.）Law	新疆杨为银白杨变种，其学名为 *Populus alba* L.var.*pyramidalis* Bye	白碧桃为桃的变型，其学名为 *Prunus persica* f.*alba* Schneid	金枝侧柏是侧柏的栽培变种，其学名为 *Platycladus orientalis*（L.）Franco cv.*Beverleyensis*

四、植物分类检索表

1. 检索表及编制原理

将特征不同的一群植物，用一分为二的方法，逐步对比排列，进行分类，称为二歧分类法。根据二歧分类法原理，将不同的植物根据相对应的显著不同的性状特征编排，分成两类，然后在每一类中再用上述方法编排，分成两类，依次分类，直到检索出某类或某种植物为止。植物分类检索表是识别、鉴定植物不可缺少的工具。

2. 检索表的格式

植物分类检索表的种类和格式有多种，目前广泛使用的是定距检索表和平行检索表两种。

（1）定距检索表　在这种检索表中，每一种特征的描述在书页左边的一定距离处，与此相对应的特征描述在同样的距离处。每一类下一级的特征描述排列在上一级特征描述的稍后处，依次往下排列，直到检索出某类或某种植物为止。植物界的分类检索表如下所示：

1. 植物体无根、茎、叶的分化，生殖器官由单细胞组成
    2. 植物体常无叶绿素
        3. 细胞内无细胞核的分化……………………………………………细菌
        3. 细胞内有细胞核的分化
            4. 植物体不形成菌丝…………………………………………………黏菌
            4. 植物体形成菌丝……………………………………………………真菌
    2. 植物体内含有叶绿素
        5. 植物体不与真菌共生………………………………………………藻类植物
        5. 植物体与真菌共生…………………………………………………地衣植物
1. 植物体有根、茎、叶的分化，生殖器官由多细胞组成
    6. 无种子植物，以孢子繁殖
        7. 植物体不具真正的根和维管束……………………………………苔藓植物
        7. 植物体有根的分化，并有维管束…………………………………蕨类植物
    6. 有种子植物，以种子繁殖
        8. 种子外面无果皮包被…………………………………………………裸子植物
        8. 种子外面有果皮包被…………………………………………………被子植物

（2）平行检索表　在这种检索表中，每一个相对特征的描写紧紧相接，以便比较，在每一个特征描述之末，列出所需的名称或是一个数字，数字重新排列于较低一行之首，与另一相对特征平行排列，如此继续下去，直到检索出某类或某种植物为止。植物界的分类检索表如下所示：

1. 植物体无根、茎、叶的分化，生殖器官由单细胞组成　………………2
1. 植物体有根、茎、叶的分化，生殖器官由多细胞组成　………………6
2. 植物体内含有叶绿素　…………………………………………………3
2. 植物体内常无叶绿素　…………………………………………………4
3. 植物体不与真菌共生　………………………………………　藻类植物
3. 植物体与真菌共生　…………………………………………　地衣植物

4. 细胞内无细胞核的分化 …………………………………………… 细菌

4. 细胞内有细胞核的分化 ………………………………………………5

5. 植物体不形成菌丝 ……………………………………………… 黏菌

5. 植物体形成菌丝 ………………………………………………… 真菌

6. 无种子植物，以孢子繁殖 ……………………………………………7

6. 有种子植物，以种子繁殖 ……………………………………………8

7. 植物体不具真正的根和维管束 ………………………………… 苔藓植物

7. 植物体有根的分化，并有维管束 ……………………………… 蕨类植物

8. 种子外面无果皮包被 …………………………………………… 裸子植物

8. 种子外面有果皮包被 …………………………………………… 被子植物

3. 使用植物分类检索表的注意事项

（1）应尽可能收集到植物的全部特征资料。

（2）熟悉形态学术语，掌握植物解剖学技术，特别是许多检索表常涉及的心皮、子房、胎座、子房室数等。

（3）要选择有针对性的植物专科志、地方植物志或适宜文献，以利于工作成效。

（4）认真查对相对应的两条特征。

（5）检索出答案后，应进一步核对描述或核对有关标本。

思考与练习

1. 什么是人为分类法与自然分类法？各有何特点？
2. 什么是植物的学名？“双名法”命名规则及书写要求有哪些？
3. 选择 10 种较为熟悉的植物，练习编写检索表。

第二节

植物界基本类群

教学目标

◇能识别常见的低等植物

◇能识别常见的苔藓植物与蕨类植物

◇能区别被子植物与裸子植物

地球上的植物种类繁多，形态各异（见图 2—1、图 2—2、图 2—3、图 2—4、图 2—5 和图 2—6）。有大小不到 1 μm 的细菌、矮小的草本植物，也有高大的乔木；有含叶绿体能进行光合作用的绿色植物，也有不含叶绿体的异养植物等。

图 2—1　绿藻

图 2—2　蕨类

图 2—3　鲍鱼菇

图 2—4　南洋杉

图 2—5　侧柏

图 2—6　菊花

地球上有记载的植物约 50 万余种，植物分类学家通常根据植物体的形态构造、生活习性和亲缘关系等将植物分为两大类，即低等植物和高等植物（见图 2—7）。

一、低等植物

低等植物是地球上出现最早、最原始的植物类群。它们的结构比较简单，有的由单细胞组成，有的是由多细胞组成的叶状体或丝状体，无根、茎、叶的分化；生殖器官结构简单，常由单细胞构成，有性生殖时合子不发育成胚，而直接发育成新的植物体；生存环境常为水中或潮湿的地方。

低等植物分为藻类植物、菌类植物、地衣植物三大类。

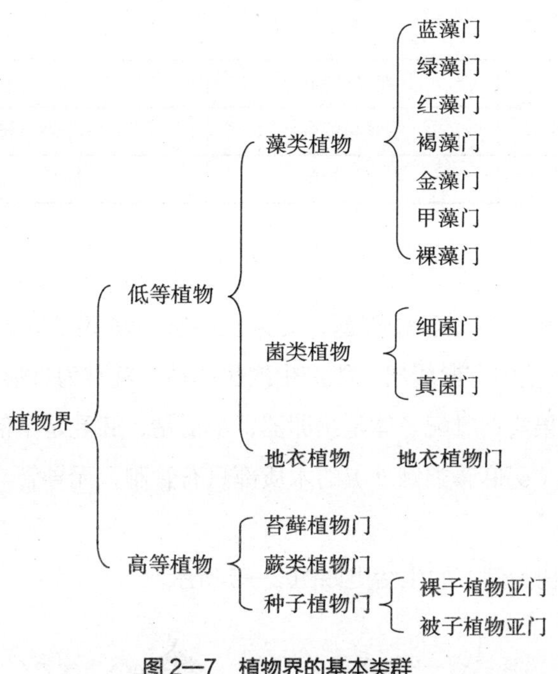

图 2—7　植物界的基本类群

二、高等植物

高等植物是由原始的低等植物经过长期演化而形成的，是植物界中形态构造和生理功能比较复杂的大类群。除苔藓植物外，都有根、茎、叶和维管束的分化，它们的生殖器官由多细胞构成，卵受精后在母体内发育成胚，高等植物大多数是陆生植物，生活史具有明显的世代交替性（即有性世代和无性世代相互交替出现的过程）（见图 2—8）。

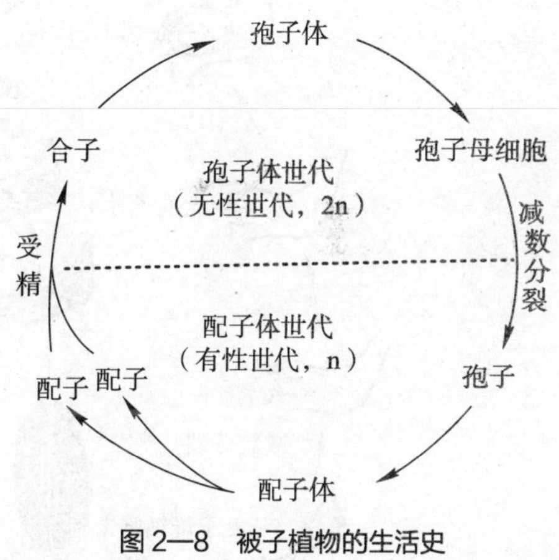

图 2—8　被子植物的生活史

高等植物包括苔藓植物、蕨类植物、种子植物三大类群。

根据种子外面是否有果皮包被，种子植物又可分为裸子植物和被子植物两类，见表 2—2。

表 2—2　裸子植物和被子植物的主要区别

	裸子植物	被子植物
植物特性	木本	木本、草本
胚珠、种子	胚珠裸露、种子裸生	胚珠包于子房内、种子有果皮包被
受精作用	单受精	双受精

续表

		裸子植物	被子植物
维管束	木质部	主要是管胞	导管、管胞、木纤维等
	韧皮部	主要是筛胞	筛管、伴胞、韧皮纤维等

1. 裸子植物

裸子植物最显著的特征是种子裸露，无果皮包被。多数是高大的乔木（极少数是灌木），有发达的主根，茎中有形成层，能产生次生构造，叶常为针形、鳞形、刺形或条形，无真正的花，不形成果实；雌配子体是颈卵器，单受精，胚乳是单倍体；维管组织比被子植物简单，多数种类（买麻藤类例外）的木质部只有管胞，无导管与纤维；韧皮部只有筛胞，无筛管与伴胞。

裸子植物（以松树为例）的生活史如图 2—9 所示。

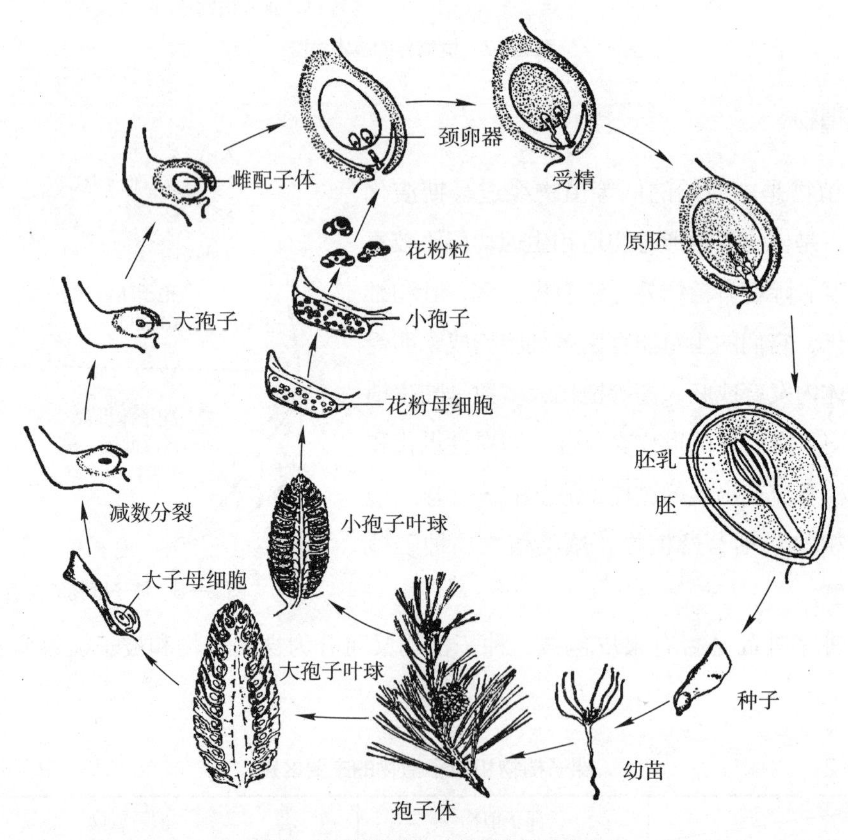

图 2—9　裸子植物（松树）的生活史

裸子植物现约有 800 多种，广泛分布于世界各地，特别是北半球亚热带高山地区及温带至寒带地区分布较广，常组成大面积的森林，大多数是重要用材的树种以及生产纤维、树脂、单宁等的重要树种，在人类生产生活中具有重要意义。

2. 被子植物

被子植物最显著的特征是有真正的花，有子房构造，种子外面有果皮包被，形成果实。雌配子体为八核胚囊，具有双受精现象，胚乳是三倍体，加强了后代的生活力和对环境的适应能力；被子植物在构造上更为完善，表现在机械组织和输导组织有了明显的分化，因此，保证了对陆地条件更强的适应性，也进一步说明被子植物比裸子植物更为进化。

被子植物的生活史如图 2—10 所示。

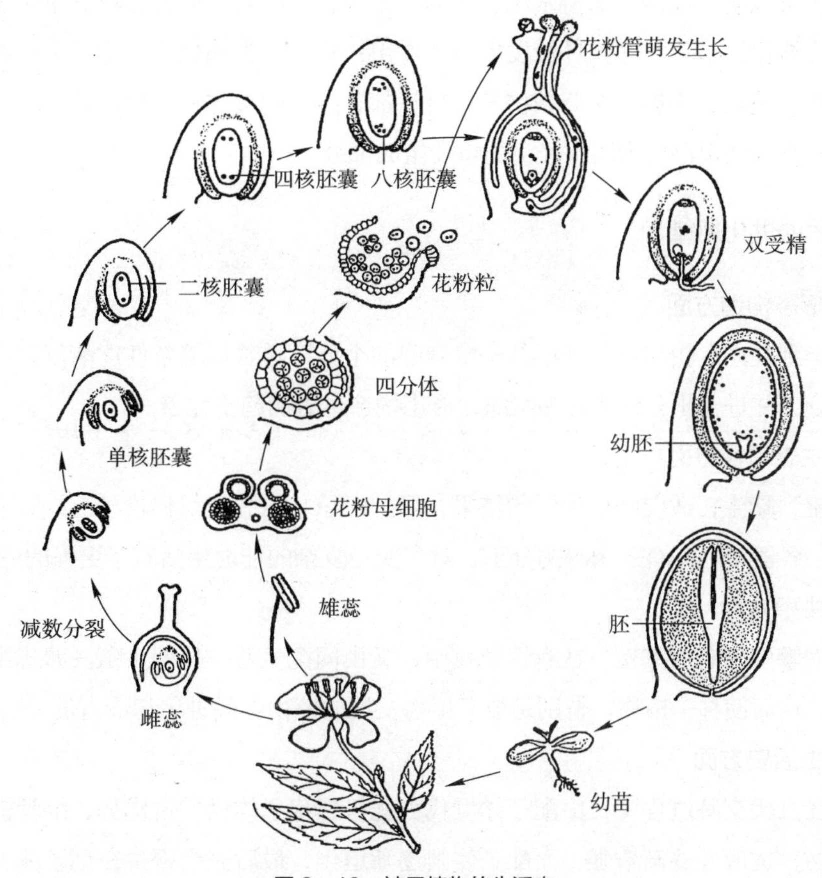

图 2—10 被子植物的生活史

被子植物是地球上种类最多、分布最广、最进化的类群，现存的被子植物有 25 万多种，我国约有 3 万多种。被子植物根据子叶的数目又可分为双子叶植物纲和单子叶植物纲（见表 2—3）。

表 2—3 双子叶植物和单子叶植物的主要区别

	双子叶植物纲	单子叶植物纲
子叶数	2 个	1 个
根	常为直根系	常为须根系
茎	有形成层，能进行增粗生长；维管束呈现环状排列	无形成层，一般不能增粗生长；维管束常散生
叶	网状脉	平行脉
花	各部每轮基数常为 4～5	各部每轮基数常为 3

被子植物覆盖着地球表面陆地的大部分地区，在自然界物质循环中发挥着重要的作用，它不仅可以防风固沙、保持水土、涵养水源、调节气候，而且还是城市生态环境建设的主体，对绿化、美化、净化环境发挥重要作用；它与人类的生产和生活也有着密切的关系，如粮食、蔬菜、水果、医药和化工原料等都直接或间接与种子植物相联系，因此，对被子植物的充分利用已成为国民经济的重要组成部分。

三、植物界的进化规律

1. 在形态构造方面

由简单到复杂，由单细胞—群体—多细胞的个体，随着环境条件逐渐复杂化，细胞有了精密的分工并进一步分化成各种组织，形态构造也更加趋于完善。

2. 在生态习性方面

由水生到陆生，适应陆地生活的结果，保护组织、机械组织和输导组织等逐渐有了更高的发展，各器官之间有了明确的分工，对多变与复杂的陆地生活有了更强的适应性。

3. 在生殖方面

由无性繁殖到有性繁殖，在有性繁殖中，又由同配生殖—异配生殖—卵式生殖，由无胚到有胚，从而使种子植物，特别是被子植物发展成植物中最进化和最占优势的类群。

4. 在生活史方面

表现在世代交替过程中，由配子体世代占优势到孢子体世代占优势，维管植物的孢子体逐渐发达，适应性逐渐增强，而配子体则逐渐退化，最后完全寄生在孢子体上，体现了植物由水生到陆生的重大发展。

思考与练习

1. 植物界分为哪些类群？低等植物和高等植物各有何主要特征？
2. 裸子植物与被子植物的主要异同是什么？后者比前者的进化性表现在哪些方面？
3. 举例说明植物界的进化规律。

第三节
被子植物的主要分科介绍

教学目标

◇能掌握常见双子叶植物、单子叶植物主要科的识别要点

◇能识别各科中常见的园林植物

被子植物包括双子叶植物和单子叶植物。双子叶植物纲主要包括杨柳科、木兰科、蓼科、毛茛科、石竹科、壳斗科、锦葵科、十字花科、蔷薇科、豆科、卫矛科、大戟科、葡萄科、槭树科、漆树科、伞形花科、茄科、唇形科、玄参科、菊科等。单子叶植物纲主要包括棕榈科、莎草科、禾本科、百合科、兰科等。各科植物形态各异，把大自然装饰得绚丽多彩，了解和掌握各科植物的特点及应用是进行园林绿化植物选择的必备知识和技能。

一、双子叶植物纲（Dicotyledoneae）

1. 杨柳科（Salicaceae） *♂：$K_0C_0A_{2\sim\infty}$　♀：$K_0C_0G_{(2:1)}$

本科有3属，600余种，分布于北温带和亚热带。我国有3属，320种。

主要特征：落叶乔木或灌木。单叶，互生，稀对生；有托叶，常早落。花单性，无花被，先叶开放，雌雄异株，下垂或直立的柔荑花序，每花托有1膜质苞片，具有由花被退化而来的花盘或蜜腺，侧膜胎座。蒴果，2~4瓣裂，种子细小，种子基部有白色丝状长毛。

本科常见植物有毛白杨（见图2—11）、银白杨、小叶杨、胡杨、垂柳、旱柳等，本科植物生长迅速，适应性强，是各地园林绿化、营造速生用材林、防护林和行道树的重要树种，木材轻软，纤维长，可供建筑、板料生产、火柴杆生产和造纸用；柳属的一些种，枝细长柔韧，可编制筐、篮、箱和帽等。

2. 木兰科（Magnoliaceae） $*P_{6\sim15}A_{\infty}\underline{G}_{\infty}$

本科有18属，300余种，分布于亚洲的热带和亚热带，少数在北美南部和中美洲。我国有11属，130余种。

主要特征：木本。单叶互生，全缘或浅裂；托叶大，脱落后在节上留有托叶环。花大，先叶开放，单生，花被3基数，整齐；雄蕊多数，分离，花丝短，花药长；雌蕊多数，分离；雌雄蕊多数螺旋状排列于伸长的棒状花托上，子房上位，每心皮含胚珠1~2

（或多数）。聚合蓇葖果，胚小，胚乳丰富。

本科常见植物有玉兰（见图2—12）、荷花玉兰、紫玉兰、含笑、鹅掌楸等，均可作庭园观赏树种，厚朴、五味子可药用，八角的果为调味品。

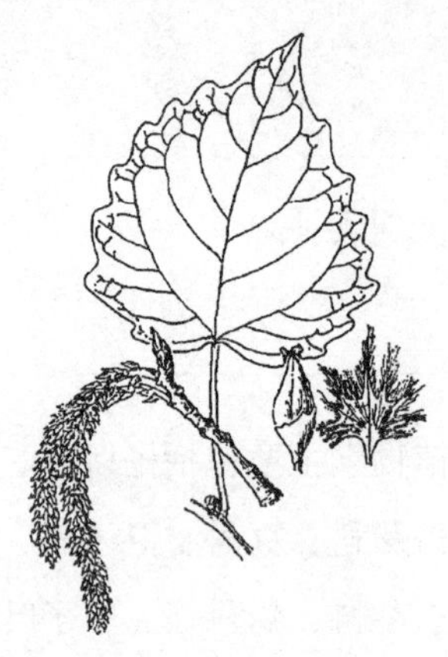
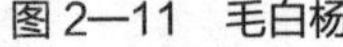
图2—11　毛白杨

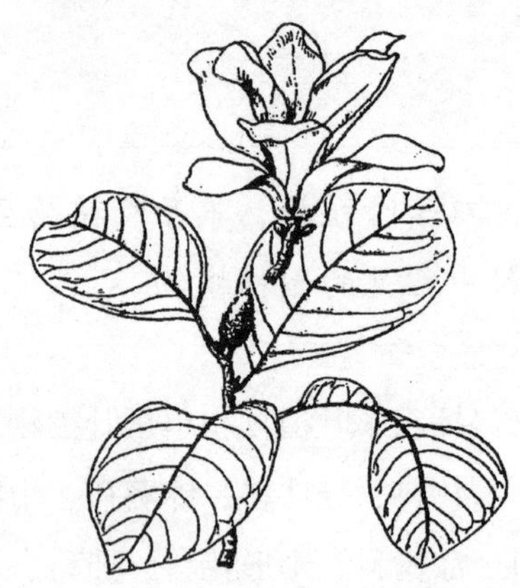
图2—12　玉兰

3. 蓼科（Polygonaceae）　$*K_{3\sim6}\ C_0\ A_{6\sim9}\ \underline{G}_{(2\sim4:1:1)}$

本科有40属，1 000余种，分布于世界各地，多见于北温带。我国有14属，约200种。

主要特征：常为草本，少为亚灌木或藤本，茎节常膨大。单叶互生，全缘，稀有裂；常有托叶鞘。花两性，有时单性，辐射对称；花被片3~6，花瓣状；雄蕊常8，稀6~9或更少；雌蕊由3（稀2~4）心皮合成，子房上位1室，内含1直生胚珠。坚果，三棱形或凸镜形，部分或全体包于宿存的花被内；种子具丰富的胚乳。

本科常见的植物有水蓼（见图2—13）、巴天酸模、红蓼、萹蓄等，何首乌、大黄等可供药用，野荞麦为国家二级保护植物。

4. 毛茛科（Ranunculaceae）　$*\uparrow K_{3-\infty}\ C_{3-\infty}\ A_{\infty}\ \underline{G}_{\infty:1:\infty 1}$

本科有50属，2 000余种，分布于世界各地，多见于北温带与寒带。我国有40属，700余种。

主要特征：草本、藤本或灌木。单叶或复叶，叶基生或互生（铁线莲属为对生），羽状或掌状分裂，或为1至多回3小叶复叶。花常为两性、整齐，花各部分离；雄蕊多数，心皮1至多数。聚合蓇葖果或瘦果，胚小，胚乳丰富。

本科植物牡丹（见图2—14）、芍药、耧斗菜、飞燕草等为著名观赏植物，黄连、乌头、白头翁、芍药、升麻、金莲花等可供药用，星叶草、独叶草、峨眉黄连、黄牡丹、短柄乌头等为我国珍稀濒危保护植物。

图 2—13 水蓼

图 2—14 牡丹

5. 石竹科（Caryophyllaceae） $*K_{4\sim5(4\sim5)}$ $C_{4\sim5}A_{8\sim10}\underline{G}_{(2\sim5)}$

本科有 70 属，1 750 种，分布于世界各地，尤以温带和寒带最多，我国有 31 属，372 种。

主要特征：草本，稀为亚灌木。单叶对生，全缘，叶柄基部常连成一横线。花两性，整齐，单生或排成聚伞花序；萼片 4～5，分离或合生；花瓣 4～5；雄蕊 8～10；子房上位，特立中央胎座。果为蒴果，稀为浆果。

本科植物中石竹（见图 2—15）、康乃馨、剪秋罗等为很好的庭园观赏花卉，太子参为药用植物，卷耳、漆姑草等为路边常见草本植物。

6. 壳斗科（Fagaceae） $*♂:K_{(4\sim8)}C_0A_{4\sim20}$ $♀:K_{(4\sim8)}C_{0(3\sim6:3\sim6:2)}$

本科依不同观点，有 6～8 属，800 种，主要分布于热带及北半球的亚热带。我国有 6 属，约 300 种。

主要特征：乔木，稀灌木。单叶互生，革质，羽状脉，有托叶。花单性同株，无花瓣，雄花排成柔荑花序，每苞片有 1 花；雌花单生或 3 朵雌花生于 1 总苞内，总苞由多数鳞片覆瓦状排列组成，子房下位，常 3～6 室，每室胚珠 2 个，但整个子房仅有 1 个胚珠成熟为种子。坚果单生或 2～3 个生于总苞中，总苞呈杯状或囊状，称为壳斗，壳斗半包或全包坚果，外有鳞片或刺，成熟时不裂、瓣裂或不规则撕裂；种子无胚乳，子叶肥厚。

本科常见植物有辽东栎（见图 2—16）、麻栎、栓皮栎、板栗、蒙古栎、槲树、水青冈、青冈等，板栗坚果为常见干果，栎属树种叶形优美，可供观赏。

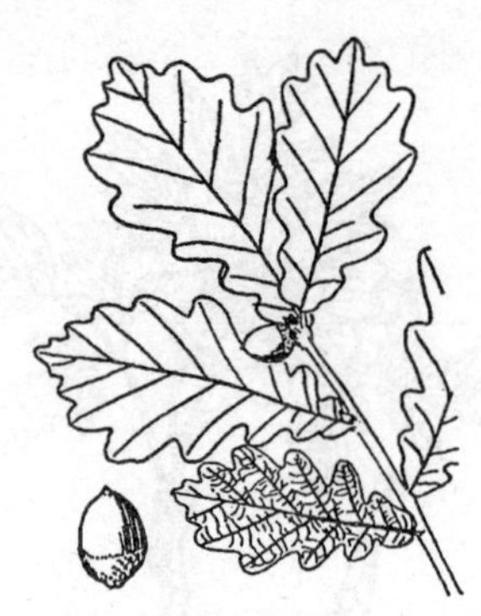
图 2—15　石竹

图 2—16　辽东栎

7. 锦葵科（Malvaceae）$*K_5\ C_5\ A_{(\infty)}\ \underline{G}_{(3-\infty)}$

本科约 75 属，1 500 余种，分布于温带及热带。我国有 16 属，81 种，36 变种或变型。

主要特征：木本或草本。单叶互生，托叶早落，常为掌状脉。花两性，稀单性，辐射对称；萼片 5，常基部合生，其下常有由苞片变成的副萼；花瓣 5；单体雄蕊，雌蕊 3 至多心皮，子房上位。果实为蒴果或分果。

本科常见园林植物有木槿（见图 2—17）、木芙蓉、朱槿、锦葵、黄蜀葵等，植株花形大、色彩丰富；苘麻、陆地棉等用于纤维工业，锦葵花、叶可入药。

8. 十字花科（Cruciferae）$*K_{2+2}\ C_{2+2}\ A_{2+4}\ \underline{G}_{(2:2)}$

本科有 350 属，约 3 200 种，分布于世界各地，主产北温带。我国有 102 属，445 种，124 变种。

主要特征：草本，具有辛辣味。单叶互生，无托叶。花两性，辐射对称，总状花序；花萼 4，花瓣 4，十字形排列；雄蕊 6，为四强雄蕊；子房上位，由 2 心皮结合而成，常有 1 个次生的假隔膜，把子房分为假 2 室，亦有横隔成数室的，侧膜胎座。长角果或短角果，2 瓣开裂，少数不裂。

本科常见植物有羽衣甘蓝（见图 2—18）、甘蓝、花椰菜、芥菜、油菜等，用途包括食用、药用、观赏等。

图 2—17　木槿

图 2—18　羽衣甘蓝

9. 蔷薇科（Rosaceae） $*K_{(5)}\,G_{5,\,0}\,A_{5\sim\infty}\,\underline{G}_{1\sim\infty}$

本科有 115 属，3 200 余种，主产北半球温带，我国有 55 属，1 000 余种。

主要特征：乔木、灌木或草本，常有刺。单叶或复叶，互生，稀对生，托叶常附生于叶柄上而成对。花两性，辐射对称，萼裂片 5；花瓣 5，分离，稀缺；雄蕊常多数，花丝分离；子房上位或下位，雌蕊心皮 1 至多数，分离或联合，每心皮有 1 至数个倒生胚珠。果实有核果、梨果、瘦果、蓇葖果等。

本科常见植物有玫瑰（见图 2—19）、白鹃梅、月季、棣棠、榆叶梅、桃、李、杏、梅、樱桃、梅花等，许多种类是很好的园林绿化植物，且果实及种子有食用、药用等功效。

10. 豆科（Leguminosae） $\uparrow K_{(5)}\,C_{1+2+(2)}\,A_{(9)+1}\,G_{1:1:\infty}$

本科约 690 属，17 000 余种，分布于世界各地，我国有 151 属，1 300 余种。

主要特征：木本或草本，常有根瘤。单叶或复叶，互生，有托叶。花两性，基数 5；花萼 5，花瓣 5，辐射对称至两侧对称；雄蕊多数至定数，常为 10 个，二体雄蕊；雌蕊 1 心皮 1 室，含 1 至多数胚珠。荚果。

本科常见植物有紫藤（见图 2—20）、国槐、洋槐、含羞草、紫荆、羊蹄甲、皂荚、凤凰木、大豆、苜蓿等。豆科植物与人类生活关系密切，许多种类可供观赏、药用等。

图 2—19　玫瑰

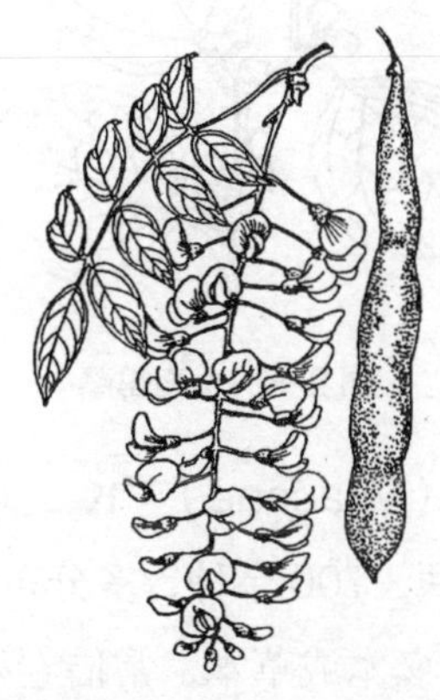

图 2—20　紫藤

11. 卫矛科（Celastraceae） $*K_{4\sim5}\,C_{4\sim5}\,A_{4\sim5}\,\underline{G}_{(2\sim5:1\sim5:2)}$

本科约 50 属，800 种，分布于热带和温带地区。我国有 12 属，约 180 种。

主要特征：乔木或灌木，有时蔓生。单叶，互生或对生。花两性或单性，小形，整齐，常带绿色，成腋生或顶生聚伞花序，有时单生；花部 4～5 基数，稀更多；雄蕊 4～5；子房上位，1～5 室，每室常有 2 胚珠。果为蒴果、浆果、翅果或核果；种子常有鲜艳色彩的假种皮，具胚乳。

本科常见植物有南蛇藤（见图 2—21）、大叶黄杨、胶东卫矛、桃叶卫矛等，均为常用绿化种类。

12. 大戟科（Euphorbiaceae）* ♂：$K_{0\sim5}$ $C_{0\sim5}$ $A_{1\sim\infty}$　♀：$K_{0\sim5}$ $C_{0\sim5}$ $\underline{G}_{(3:3:1\sim2)}$

本科约 300 属，8 000 余种，分布于世界各地，主产热带。我国约有 66 属，360 余种。

主要特征：乔木、灌木或草本，常含乳汁。单叶，稀为复叶，互生，稀对生。花序为聚伞花序、总状花序或穗状花序；花单性，双被、单被或无花被；雄蕊 5 至多数，有时较少或只有 1 个，花丝分离或合生；子房上位，常 3 室。蒴果，少数为浆果或核果；种子有胚乳。

本科常见植物有一品红（见图 2—22）、乌桕、橡胶、油桐等，可用于观赏或多为油料、药材、鞣料、淀粉等用材植物，具有重要的经济价值；有些种类有毒，可制作土农药。

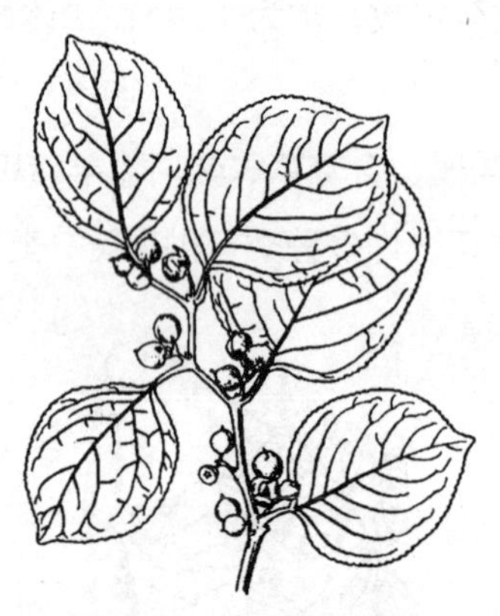

图 2—21　南蛇藤

图 2—22　一品红

13. 葡萄科（Vitaceae）　*$K_{5\sim4}$ $C_{4\sim5}$ $A_{4\sim5}$ $\underline{G}_{(2)}$

本科约 12 属，700 余种，多分布于热带至温带地区。我国有 8 属，112 种。

主要特征：藤本或草本，常借卷须攀缘。单叶或复叶，互生。花两性或单性异株，或为杂性，整齐，聚伞花序或圆锥花序，常与叶对生；花瓣 4～5，镊合状排列；雄蕊 4～5，与花瓣对生；子房上位，通常由 2 心皮组成。果为浆果。

本科常见植物有葡萄（见图 2—23）、蛇葡萄、爬山虎、五叶地锦等，常用作垂直绿化等。

14. 槭树科（Aceraceae）　*$K_{4\sim5}$ $C_{4\sim5}$ $A_{8,\ 4\sim10}$ $\underline{G}_{(2)}$

本科有 3 属，约 200 种，分布于北温带及热带山地。我国有 2 属，约 140 多种，南北各省均有分布。

主要特征：乔木或灌木。叶对生，单叶，掌叶裂或为羽状复叶。花两性或单性，雄花与两性花同株或雌雄异株，整齐，排成总状、伞房或圆锥花序；萼片与花瓣 4～5，稀无花瓣；雄蕊 4～10，通常 8；子房上位，果为双翅果。

本科常见植物有鸡爪槭（见图 2—24）、红枫、三角槭、五角枫、元宝枫、茶条槭、复叶槭等，均为秋色叶树，具重要的观赏价值。

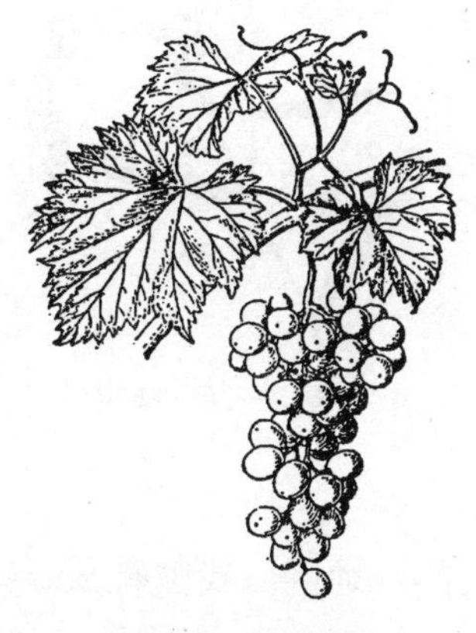

图 2—23 葡萄

图 2—24 鸡爪槭

15. 漆树科（Anacardiaceae） $*K_{(5)}C_5A_{5\sim10}\underline{G}_{(1\sim5)}$

本科约 60 属，600 余种，分布于热带、亚热带，少数延伸到北温带地区。我国有 16 属，54 种。

主要特征：乔木或灌木，树皮多含树脂。单叶互生，稀对生，掌状 3 小叶或奇数羽状复叶。花小，辐射对称，两性或多为单性或杂性，圆锥花序；双被花，稀为单被（或无被花）；花萼多为合生，5 裂，稀 3 裂；花瓣 5，偶 3 或 7；雄蕊 5～10，子房上位。果实多为核果。

本科许多种类具有很高的经济价值，漆树是生产著名“生漆”的树种，腰果、芒果和人面子等是著名的热带水果，黄连木可以入药具有清热解毒的作用，黄栌（见图 2—25）、火炬树等可作庭园观赏。

16. 伞形花科（Umbelliferae） $*K_{5(0)}C_5A_5\overline{G}_{(2:2)}$

本科约 300 属，3 000 余种，分布于北温带、亚热带或热带。我国约有 90 属，500 余种。

主要特征：草本。叶互生，叶片分裂或多裂，叶柄基部膨大，或呈鞘状。花序常为复伞形花序，有时为单伞形花序，花萼 5 或无；花瓣 5，雄蕊 5，与花瓣互生，子房下位，2 室。果为双悬果。

本科常见植物有柴胡（见图 2—26）、当归、茴香、防风等，在医药、食品、蔬菜、轻

化工等方面有着广泛用途。

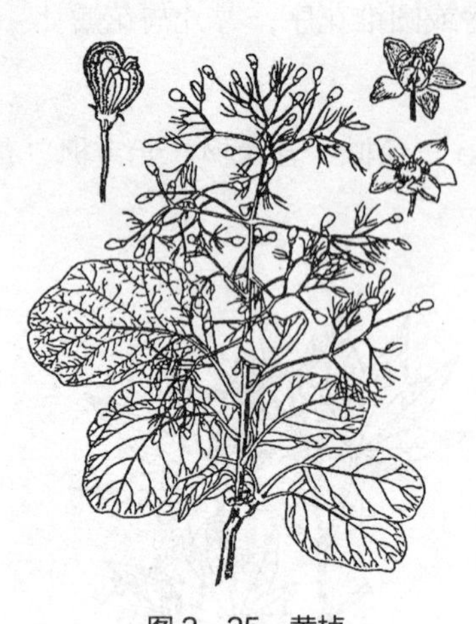
图 2—25　黄栌

图 2—26　柴胡

17. 茄科（Solanaceae）　$*K_{(5)}C_{(5)}A_5\underline{G}_{(2:2)}$

本科约 80 属，3 000 余种，广泛分布于温带及热带地区。我国有 26 属，100 余种，分布于南北各省。

主要特征：直立或蔓生的草本或灌木，稀乔木。单叶全缘，分裂或羽状复叶，互生。花两性，辐射对称，稀两侧对称，单生或聚伞花序；花萼 5 裂（稀 4 或 6），宿存，常花后增大；花冠常 5，辐射状，偶 2 唇形；雄蕊常与花冠裂片同数而互生，着生于花冠筒部，子房上位。果为浆果或蒴果，种子具丰富的肉质胚乳。

本科的常见植物矮牵牛（见图 2—27）为很好的庭园观赏花卉，茄属、烟草属、辣椒属、番茄属、枸杞属等都有很高的经济价值。

18. 唇形科（Labiatae）　$\uparrow K_{(5)}C_{(4\sim5)}A_{2+2}\underline{G}_{(2:4)}$

本科约 220 属，3 500 余种，以地中海和中亚地区最多。我国约 99 属，800 余种。

主要特征：草本，偶木质，含挥发性芳香油，茎常 4 棱形。单叶，稀复叶，对生或轮生；无托叶。花两性，两侧对称，稀近辐射对称，腋生聚伞花序构成轮伞花序，常再组成穗状或总状花序；花萼常 5 裂，稀 4 裂，宿存；花冠二唇形，5 裂；二强雄蕊，子房上位。果为 4 个小坚果。

本科植物中的一串红（见图 2—28）、五彩苏等为常见花卉，薄荷、百里香、薰衣草、罗勒、迷迭香等富含多种芳香油，黄芩、荆芥、藿香、丹参、薄荷、紫苏、香蕉、荠苧、夏枯草、益母草等可入药，白苏则为有名的油料作物之一。

图 2—27　矮牵牛

图 2—28　一串红

19. 玄参科（Scrophulariaceae）　$\uparrow$ 稀 $*K_{4-5,(4-5)}\,C_{(4-5)}\,A_{2+2},\,\underline{G}_{(2:2)}$

本科约 200 属，约 3 000 种，广布世界各地。我国有 54 属，约 600 种，分布于南、北各地，主产西南。

主要特征：草本，稀木本。叶对生，稀互生和轮生；无托叶。花两性，常两侧对称，稀辐射对称，排列成各种花序；萼片 4 ~ 5，分离或结合，宿存。蒴果，2 或 4 瓣裂或偶顶端孔裂，稀为不裂的浆果，常具宿存花柱。

本科常见植物有泡桐（见图 2—29）、玄参、金鱼草、蒲包花、毛地黄等，很多种类供观赏用，如泡桐是中国速生树种之一，花大、美丽、有香气、树型优雅，是优良的庭园观赏、绿化造林树种；有些种类可入药。

20. 菊科（Compositae）　$*\uparrow K_{0-\infty}\,C_{(5)}\,A_{(5)}\,G_{(2:1)}$

本科约 1 000 属，25 000 ~ 30 000 种，广布世界各地，热带较少。我国约 230 属，2 300 余种。

主要特征：草本，半灌木或灌木，稀乔木，有乳汁管和树脂道。叶互生，稀对生或轮生；无托叶。花两性或单性，极少为单性异株，常 5 基数；头状花序；萼片不发育，常变态为冠毛状、刺毛状或鳞片状；花冠合瓣，辐射对称或两侧对称，形态多样；雄蕊 5（偶 4）个，着生于花冠筒上；花药合生成筒状。果为连萼瘦果。

本科常见的植物有菊花（见图 2—30）、向日葵、艾蒿、蒲公英、大丽花等，多为观赏植物，有些种类可入药或供食用等。

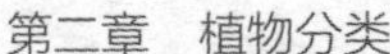

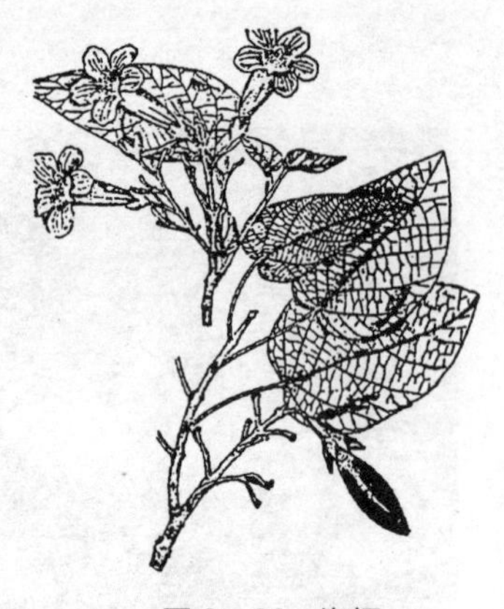
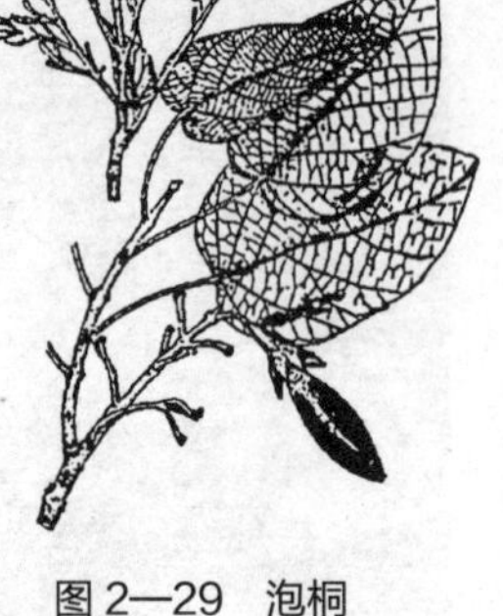

图 2—29　泡桐

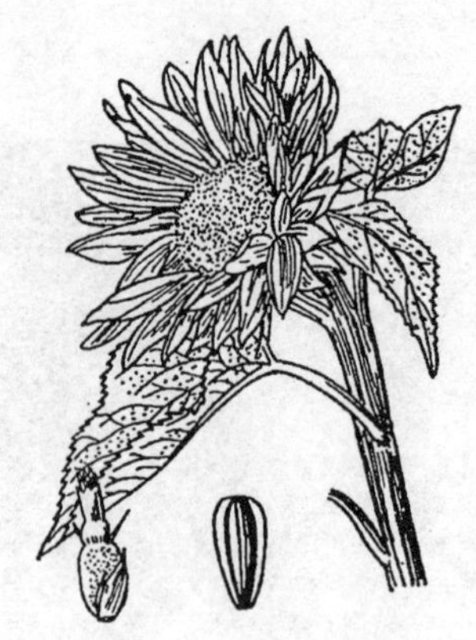

图 2—30　菊花

二、单子叶植物纲（Monoctyledoneae）

1. 棕榈科（Palmae） *♂：P_{3+3} A_{3+3}　♀：P_{3+3} $G_{3,(3)}$ K_3 G_3 A_{3+3} $G_{3,(3)}$

本科约 212 属，2 780 余种，分布于热带和亚热带。我国有 22 属，约 72 种。

主要特征：乔木或灌木，单干直立，多不分枝，稀为藤本。叶常绿，大形，互生，掌状分裂或为羽状复叶，多集生于树干顶部，形成“棕榈型”树冠，或在攀缘的种类中散生；叶柄基部常扩大成纤维状的鞘。花小，通常淡黄绿色，两性或单性，同株或异株，通常为 3 基数，整齐或有时稍不整齐，组成分枝或不分枝的肉穗花序。果为核果或浆果，外果皮肉质或纤维质，有时覆盖以覆瓦状排列的鳞片。

图 2—31　棕榈

本科常见植物有棕榈（见图 2—31）、蒲葵、椰子、槟榔、王棕、散尾葵等，是城市园林、庭院布置及室内外装饰等的主要树种。

2. 莎草科（Cyperaceae） P_0 A_{1-3} $G_{(2-3)}$；　♂：P_0 A_{1-3}　♀：P_0 $G_{(2-3)}$

本科约 96 属，4 000 余种，分布于世界各地，以寒带、温带地区为最多。我国有 31 属，670 余种。

主要特征：多年生（较少为一年生）草本，常有根状茎；茎特称为秆，常三棱柱形，实心，少数中空。叶基生或秆生，通常 3 列，叶片条形，基部常有闭合的叶鞘，或叶片退化而仅具叶鞘。花小，单生于鳞片（颖片）的腋内，两性或单性，2 至多数带鳞片的花组成小穗。果实多为坚果，有时被苞片所形成的囊包所包裹，三棱形，双凸状、平凸状或球形。

本科常见植物有藨草（见图 2—32）、荆三棱、苔草、蒲草等，其中有些可为织席或制纸的原料，有些可入药等。

3. 禾本科（Gramineae） $P_0 A_3 G_{(2)}$

本科约 750 属，10 000 余种。我国有 225 属，1 200 余种。

主要特征：草本或木本，有或无地下茎；地上茎特称为秆，秆有显著的节和节间，节间多中空。单叶互生，2 列，由叶鞘、叶片、叶舌和叶耳组成。花小，两性，无花被；雄蕊通常 3，雌蕊通常由 2 心皮组成，子房上位；花组成小穗，由小穗组成复穗状或圆锥花序。果实为颖果。

本科常见植物有佛肚竹（见图 2—33）、毛竹、凤凰竹、羊茅、芦苇等，有的用于盆栽观赏，点缀小庭院和居室，也常用于制作盆景或作为低矮绿篱材料。

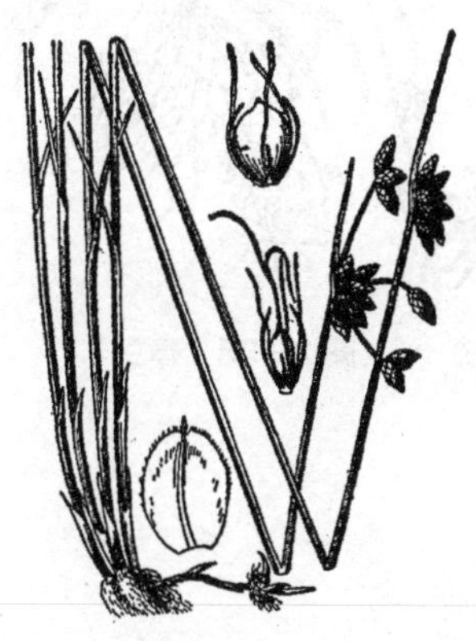

图 2—32　藨草

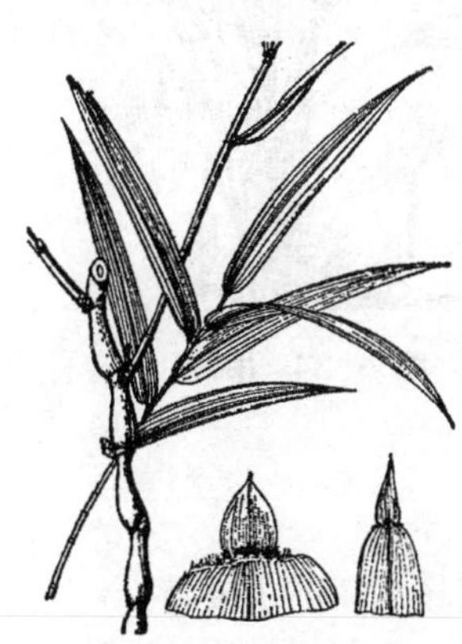

图 2—33　佛肚竹

4. 百合科（Liliaceae） $*P_{3+3} A_{3+3} \underline{G}_{(3)}$

本科约 240 属，近 4 000 种，分布于世界各地，我国有 60 属，约 600 种。

主要特征：大多数为草本，具根状茎、鳞茎、球茎，茎直立或攀缘状。单叶互生，少数对生、轮生或基生，有时退化成鳞片状。花序为总状、穗状、圆锥或伞形花序，少数为聚伞花序，子房上位。果实为蒴果或浆果。

本科植物中的吊兰（见图 2—34）、玉簪、百合、山丹、天门冬、黄精、麦冬、郁金香、万年青等为常见花卉；黄精、贝母等可入药，葱、蒜、韭、洋葱和黄花菜（金针菜）等为常见的食用植物。

5. 兰科（Orchidaceae） $\uparrow P_{3+3} A_{1-2} \overline{G}_{(3:1)}$

本科约有 730 属，20 000 余种，多分布于南美洲与亚洲的热带地区。我国约有 150 属，1 000 余种。

主要特征：多年生草本，陆生、附生或腐生，稀为攀缘藤本。单叶互生，常排成 2 列，稀对生或轮生，基部常具抱茎的叶鞘，有时退化成鳞片状。花单生或排列成总状、穗

状或圆锥花序；花两性，稀为单性，两侧对称，花粉常结成花粉块；子房下位。蒴果三棱状，圆柱形或纺锤形，种子极多，微小，通常具膜质或呈翅状扩张的种皮，易于随风飘扬，传至远方。

本科的常见植物如建兰（见图 2—35）、墨兰、大花蕙兰、蝴蝶兰等均供观赏，少数如石斛、天麻、白芨等可入药。

图 2—34 吊兰

图 2—35 建兰

思考与练习

1. 举例说明杨柳科的主要特征。
2. 调查当地的主要豆科植物，列表比较主要种类的特点。
3. 调查当地的主要蔷薇科植物，列表比较主要种类的特点。
4. 调查室内、外装饰常用的单子叶植物。

实训四 植物标本的采集与制作

一、实训目的

通过实验巩固所学的植物形态术语及被子植物的分类知识，对各科代表植物的植株外形，花、果形态等进行详细观察、记录；进一步练习使用植物检索表、植物志等工具书鉴定植物。

二、实训材料和用具

带绳标本夹（45 cm × 30 cm 方格板 2 块，配以绳带）、标本纸（吸水纸）、塑料袋或采集箱、剪枝剪、小铲、标本、野外记录本、小标签、放大镜、米尺、铅笔、小纸袋等。

三、实训步骤

一株植物或植物体的一部分经过压制干燥后，固定在台纸上就是蜡叶标本或干制标本。它可以长期保存，供教学及科研使用。

1. 标本的采集

（1）标本采集　标本应选择具有花（果）、枝（含顶端部分）、叶、根等器官生长健壮的植株或其中一部分。草本植物一定要把根挖出来，如果植株较大则采用反复折叠，或选择有代表性的上、中、下段压制标本。木本植物应选择生长在植株上部具花、果等器官的两年生枝条，叶过大者可以剪去一部分，但务必保留枝条顶端和叶柄的一部分。

（2）标本编号登记　小标签、标本和野外记录本的编号应一致，记载要按一定的顺序排列。若植物分段采集要用同号记载，如有果实和种子装入小纸袋中，小纸袋上的编号应与标本相同。

（3）采集注意事项　采集记录要在采集时登记，避免补记时发生错误。凡是压制后容易发生变形或变色的各器官特征，应在采集时填写清楚。例如花、果实的颜色、大小、类型等。

2. 标本的制作

（1）压制方法　所采集到的植物标本应当及时压好，标本之间应以吸水纸隔开。果实较大的要用吸水纸垫平，适当剪去过多重叠的枝叶，叶子必须有正反面的区别，枝、叶、花要铺平展开。脱落的花、果、叶等装入纸袋与标本放在一起，标本放好后用绳子把标本捆好（松紧要适度），放在阳光斜射的通风地方。每天更换一次干纸，在换纸时要对标本做必要的整形修理。随着标本的干燥，捆标本夹的力度要逐渐减小，经过 4～5 天标本就会干燥。换下来的湿纸要在阳光下晒干或烘干，为换用做好准备。

（2）上台纸　将压干的标本用针线固定在台纸上，在台纸背面的左上角贴上采集记录，在台纸正面的右下角贴上标签，标签上用钢笔填好植物的种名、学名、采集地点、采集时间及采集人。至此，就完成了一份完整的蜡叶标本制作。做好的蜡叶标本要轻取轻放，以免损坏。

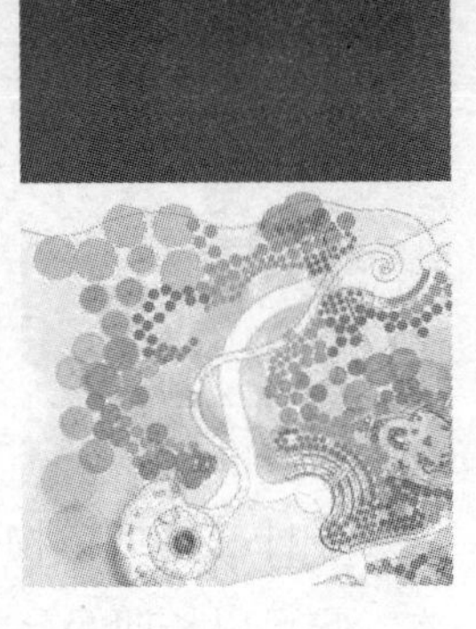

第三章
植物的生长发育规律及调节

植物生长发育是植物生命活动中十分重要的生理过程，包括生长、分化和发育三个既有联系又有区别的生命现象。生长是植物体体积和重量的不可逆增加，是量的变化，是通过细胞的分裂和伸长来实现的。根、茎、叶等体积和重量的增加，整个植物体的由小到大都是生长的过程。分化是同质的细胞转变为形态、机能、化学结构等异质的细胞，即植物的差异性生长，为质变过程。在细胞水平、组织水平和器官水平上均可表现出来，一般与生长并存，如花芽和叶芽的分化、茎和根的分化等。发育是指在整个生命活动周期中，植物的结构和生理机能从简单到复杂的变化过程，是质的变化。它是通过细胞的分化而导致组织、器官的分化和形成来实现的，如根、茎、叶的形成，植株由营养生长向生殖生长的转变而产生花、果实、种子等都是发育。掌握植物的生长发育规律，对调节园林植物的生长及花期具有重要的意义。

第一节
植物的营养生长

教学目标

◇了解种子萌发生理

◇掌握植物营养生长的一般规律

◇熟悉外界条件对营养生长的影响

◇能运用植物生长的周期性调节植物生长

植物营养器官的生长是十分重要的过程。如以营养器官为收获物，则营养器官的生长直接影响产量；以生殖器官为收获物，由于生殖器官的形成与发育所需要的养料绝大部分是营养器官供给的，所以营养器官生长对生殖器官生长影响也极大。植物的营养生长是从种子萌发开始的，一般说来，处于非休眠状态的种子在适宜的条件下开始萌发，形成幼苗。利用植物营养生长的一般规律，可正确培育种子植物。

一、种子萌发

1. 种子萌发的过程

种子中含有蛋白质、淀粉等亲水胶体物质，当这些处于风干状态的亲水胶体物质遇到较多的水分供应时，就会发生吸胀作用。整个种子靠吸胀作用吸收水分，发生膨胀。种皮由于吸收水分而变软，有利于外界水分进入种胚，引起种子内部物质和能量的转化，使得种胚细胞不断分裂，细胞数目迅速增多，体积迅速变大，到一定限度后胚根顶破种皮而出，即露白。

露白后，胚继续生长，胚根的生长加快，随后子叶和胚芽伸出种皮。发芽后，胚根向下生长，伸入土壤形成主根，胚轴、胚芽向上生长形成茎、叶，种胚变成能独立生长的完整的幼苗。

2. 影响种子萌发的条件

（1）影响种子萌发的内部条件　影响种子萌发的内在因素主要是种子的活力和发芽率。种子活力表示种子发芽的潜在能力或胚所具有的生命力。种子发芽率是指能正常发芽的种子占供试种子的百分率。所以，播种时应做好选种工作，选择健全、饱满、活力强、发芽率高的种子。

（2）影响种子萌发的外界条件　种子萌发必须具备一定的外界条件，即充足的水分、适宜的温度和足够的氧气，有些种子的萌发还需要光照。

1）水分。种子只有从外界吸收到足够的水分后，各种生理活动才能顺利进行，种子才能够萌发。水分可以软化种皮，利于种子内、外的气体交换，增强胚的呼吸作用，加快酶的活化，促进物质的转化和运输。所以，水分是种子萌发的首要条件。

2）温度。种子必须在一定的温度范围内才能萌发，适宜的温度可以增强酶的活性，促进物质和能量的转化，有利于种子吸水和气体交换。种子在最适发芽温度下，发芽率高且苗壮，抗逆性强。农业生产上，通过选择合适的播种期，利用温室、地膜覆盖等方法，来满足种子的发芽适温。

3）氧气。种子萌发时呼吸作用加强，需要大量的氧气。一般植物的种子需要空气含氧量在10%以上才能正常萌发，含氧量在5%以下时不能萌发。土壤含氧量通常在20%以下，并随土质黏重程度的增加和土层的加深而逐渐减少。若土壤水分过多、板结或播种过深，种子得不到足够的氧气，只能进行无氧呼吸，由此就会造成酒精中毒甚至出现烂种现象。

温度、水分和氧气是种子萌发必不可少的重要因素，这三个因素不是孤立的，而是互相影响的。如土壤含水量高，就会造成氧气缺乏，土温较低。在种子萌发的不同阶段三种因素所处的地位不同。光对多数植物种子的萌发没有显著的影响，但有些植物种子萌发需要光，有些植物种子萌发受光的抑制。需光种子在黑暗条件下，发芽率极低，宜浅播；嫌光种子在光照条件下，发芽率极低，宜深播。

二、植物营养生长的一般规律

植物的生长并不是持续、均匀地进行，而是表现出一定的节奏性，这种现象称为生长的周期性。

1. 植物生长大周期

不管是植物整体还是某一部分的生长都经历着“慢—快—慢”的变化历程，这种周期性的规律称为生长大周期。如果以总生长量对时间作图，则呈“S”形曲线，称为S曲线或生长曲线，如图3—1所示。

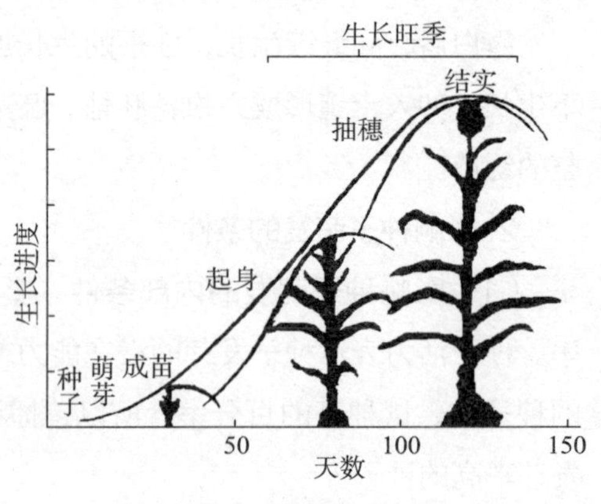

图3—1 植物生长曲线

一年生植物植株的生长速率表现出生长大周期的原因，是由于生长初期植株幼小，合成干物质的量少，生长缓慢；成株后枝繁叶茂，光合作用大大加强，合成大量有机物，干重急剧增加，生长加快；进入衰老期后，光合作用下降，合成有机物的量减少，加上呼吸作用的消耗，干重不会增加，甚至会减少。在农、林业生产上，有时需要促进或抑制植物的生长。植物生长大周期的规律表明，任何促进或抑制生长的措施都必须在生长速率达到最高点前使用，否则任何补救措施都将失去意义。农业生产上要求做到“不误农时”，就是这个道理。在林业生产中，生长大周期是确定林木采伐期的重要依据。

2. 植物生长的周期性

（1）季节周期性 由于一年四季中，光照、温度、水分等影响植物生长的外界因素周期性地变化，植物的生长在一年中也会发生规律性地变化。这种现象称为植物生长的季节周期性。

在温带地区，春天温度回升，日照延长，植株上的休眠芽开始萌发生长；夏天温度和日照进一步升高和延长，水分较为充足，植株旺盛生长；秋天气温逐渐下降、日照逐渐缩短，植株的生长减慢以至停止，逐渐进入休眠状态；冬天植株处于休眠状态。因此，植物生长的季节周期性是植物对环境条件周期性变化的适应。当气温逐渐降低时，植物生长的速率逐渐下降以至停止，对低温的抵抗能力逐渐增强，不致被冻死。

（2）昼夜周期性　植物白天生长慢，夜晚生长快的现象，称为植物生长的昼夜周期性。植物生长昼夜周期性的主要原因是：白天温度高、光照强、蒸腾量大、水分易亏缺，抑制了细胞的分裂和伸长，使生长速率减慢；晚上温度降低、湿度增加、蒸腾减弱、植物体内的水分较充足，而且较低的温度还有利于根系合成细胞分裂素，有利于细胞分裂和伸长，植物表现出较快的生长。

3. 植物生长的相关性

高等植物是由各种器官组成的统一整体，各种器官虽然在形态结构及生理功能上不同，但它们的生长是相互依赖又相互制约的，这种特性称为植物生长的相关性。植物生长的相关性包括地下部和地上部的相关性、主茎和侧枝的相关性、营养生长和生殖生长的相关性。

（1）地下部和地上部的相关性　地下部和地上部的生长是相互依赖的。地下部的根从土壤中吸收水分、矿物质并合成少量有机物、细胞分裂素等供应地上部所用，但根生长所必需的糖类、维生素等却需要由地上部供给。一般来说，植物根系发达，地上部分才能很好地生长。但地上茎、叶生长不好，地下器官得不到充足的有机营养，生长也会受阻，若茎、叶生长过旺，地下部的生长会削弱。因此，应根据生产目的，协调地上部和地下部的生长。生产中利用根冠比（R/T）表示植株地下部分和地上部分生长量的比例关系，如蔬菜培育壮苗时要求根冠比较大。

（2）主茎和侧枝的相关性　植物的顶端（茎尖、根尖）在生长上占优势并抑制侧枝或侧根生长的现象，称为顶端优势。植物主茎的顶芽会抑制侧芽的生长，抑制的程度因植物种类不同而异。向日葵、玉米、高粱、甘蔗、麻类和棕榈等的顶端优势非常明显，植株没有或很少有分枝；松、杉、柏树等的顶端优势也比较明显，距离顶端越近的侧枝受顶芽的抑制越强，距离顶端越远的侧枝受顶芽的抑制越弱，因此树冠呈宝塔形；柳、榆、核桃、灌木等的顶端优势不明显；水稻、小麦等植物的顶端优势很弱或没有顶端优势，可产生大量的分蘖，分蘖与主茎的长势差不多，有的甚至超过主茎的生长。生产上可根据需要保持或去除顶端优势，如麻类、烟草应保持顶端优势，而番茄通过摘心可增加分枝，去除了顶端优势，促使更多地开花结果，还有果树修剪、盆景培育时均可利用顶端优势。

（3）营养生长和生殖生长的相关性　营养生长是生殖生长的基础，生殖生长所需的养料大多数由营养器官供应，营养生长不好，生殖器官也生长不好。营养器官生长过旺，茎叶徒长，养分消耗较多，可造成生殖器官分化延迟、生育期延长、产量低。例如花卉、果树、大豆、棉花等，如果枝叶徒长，往往不能如期开花结实，或者导致花、果严重脱落。生殖器官生长过旺，营养物质向生殖器官转移，则营养器官生长减慢，甚至衰老死亡。如

番茄枝叶过多时产量下降、小麦徒长时空瘪粒增多、茶树开花结子导致茶叶产量下降等。生产上，要协调营养生长与生殖生长的矛盾，对于观叶植物或以收获营养器官为主的植物可以通过供应充足的水分、增施氮肥、摘除花芽等措施来促进营养器官的生长，而抑制生殖器官的生长；对观花、观果或以收获生殖器官为主的植物，应在前期促进营养器官的生长，为生殖器官的生长打下良好的基础，后期则要注意增施磷、钾肥，以促进生殖器官的生长。

知识拓展

一、种子休眠

1. 种子休眠的原因

（1）种皮限制　豆科、藜科、樟科、百合科等植物的种子，有坚硬厚实的种皮、果皮，或皮上附有致密的蜡质和角质，被称为硬实种子、石种子。这类种子往往由于种壳的机械压制或由于种（果）皮不透水、不透气而阻碍胚的生长，呈现休眠状态，如皂荚、乌桕、苜蓿、紫云英、莲子、椰子等。

（2）种子未完成后熟　有些植物种子中的胚在形态上已经发育完全，但在生理上还未成熟，必须通过后熟作用才能萌发。所谓后熟作用是指种子采后需经过一系列的生理生化变化达到真正的成熟，才能萌发的现象。如蔷薇科植物（如苹果、桃、梨、樱桃等）和松柏类植物的种子必须经过冷湿处理才可正常萌发。即用湿沙将种子分层堆积在低温（5℃左右）的地方 1～3 个月，经过后熟过程，萌发率可达 90% 以上。这种催芽技术称为层积处理。又如大麦、小麦、棉花等种子经过 1～2 个月的常温干藏后，即可完成后熟作用，达到最高发芽率。

种子经过后熟作用后，种皮的透气、透水性增加，呼吸酶活性增加，呼吸作用加快，有机物开始水解为可溶物。同时细胞分裂素含量升高，随后赤霉素的含量提高，细胞分裂素含量逐渐降低。

（3）胚未完全发育　有些植物的种子从植物体上脱落后，胚的发育还没有完成。胚的体积很小，结构也不完善，必须经过一段时间的继续发育，才能达到可萌发的状态，如兰花、人参、当归、白蜡树等。

（4）抑制物的存在　有些植物种子不能萌发是由于果实或种子内有抑制萌发物质的存在。这类抑制物多数是一些低分子量的有机物，如乙烯、芥子油、柠檬醛、肉桂醛、水杨酸、没食子酸、咖啡碱、香豆素以及脱落酸等。这些物质存在于果皮（如酸橙）、果肉（如苹果、梨、番茄、西瓜、甜瓜）、种皮（如苍耳、甘蓝、大麦、燕麦）、子叶（如菜豆）、胚乳（如莴苣）等处，能使种子潜伏不动。

抑制物的存在对许多植物有着重要的生态学意义。如生长在沙漠上的某些植物，只有在充分降雨后，抑制物被雨水冲洗掉，种子才能萌发，否则就不能萌发，从而巧妙地适应了极度干旱的沙漠环境。

2. 打破种子休眠的方法

（1）机械破损　适用于有坚硬种皮的种子。可用沙子摩擦、划伤或去皮等方法来促进种子萌发。

（2）清水漂洗　西瓜、甜瓜、番茄、辣椒等种子外壳含有萌发抑制物，播种前将种子浸泡在水中反复漂洗，或用流水冲洗，以去除抑制物，提高发芽率。

（3）层积处理　已知有 100 多种植物的种子需经过层积处理，才能解除种子的休眠。

（4）温水处理　某些种子（如棉花、小麦、黄瓜）经日晒或用 35%～40%的温水处理，可以促进萌发。

（5）化学处理　对刺槐、皂荚、合欢、漆树、槐树等种子均可用浓硫酸处理（2 min～2 h 后立即用清水漂洗）来增加种皮的透性。用 0.1%～2%过氧化氢溶液浸泡棉籽 24 h，能显著提高其发芽率。

（6）生长调节剂处理　多种生长物质（如赤霉素、细胞分裂素）能打破种子的休眠，促进种子的萌发。

（7）物理方法　用 X 射线、超声波、高低频电流、电磁场处理种子，也有破除休眠的作用。

二、植物的向性运动

向性运动是指植物器官对环境因素的单方向刺激所引起的定向运动。根据刺激因素的种类可将其分为向光性、向重性、向触性和向化性。并规定朝向刺激方向运动的为正运动，背向刺激方向运动的为负运动。所有的向性运动都是生长运动，都是由于生长器官不均等生长所引起的。因此，当器官停止生长或者除去生长部位时，向性运动随即消失。

1. 向光性

向光性是指植物的生长随光的方向发生弯曲的现象。高等植物的地上部分，胚芽鞘、子叶、茎、叶等多发生正向光弯曲生长，使叶片处于最适宜利用光能的位置。如生长旺盛的向日葵、棉花等植物的茎端能随太阳而转动。一般来说，地下器官对光的感应不敏感，但如芥菜等某些植物的根具有一定的负向光性。

2. 向重力性

植物在重力的影响下，保持一定方向生长的特性，称为向重力性。根顺着重力方向

向下生长，称为正向重力性；茎背离重力方向生长，称为负向重力性；地下茎以垂直于重力的方向水平生长，称为横向重力性。例如将幼苗横放，一定时间后就会发现根向下弯曲而茎向上弯曲。又如禾本科植物倒伏后能再直立起来，就是茎秆有负向重力性的缘故。

3. 向水性

当土壤中的水分分布不均匀时，植物的根总是向着潮湿的方向生长，这一特性称为向水性。植物具有这个特性，是为了保证根系在土壤中获得较多的水分，来维持整个植物体的生长。生产上常用控制水分供应的方法来促进根的生长，如“蹲苗”，就是利用了根的向水性所采取的一项壮苗壮根的措施。

4. 向化性

植物的根系具有总是朝着土壤中肥料较多的地方生长的特性。花粉管的伸长生长总是朝着胚珠的方向进行，是由于受到胚珠细胞分泌的化学物质的引导。这种由于某种化学物质分布不均匀而引起的向性生长，称为向化性。向化性在指导植物栽培中具有重要意义。生产上采用深耕施肥，就是为了使根向深处生长，吸收更多营养。在种植香蕉时，可以采用以肥引芽的措施，把香蕉引到人们希望它生长的地方出芽生长。

三、极性

极性是指植物体或植物体的一部分（如器官、组织或细胞）在形态学的两端具有不同形态结构和生理生化特性的现象。将柳树枝条悬挂在潮湿的空气中，会再生出根和芽，但是不管是正挂还是倒挂，总是在形态学的上端长芽，形态学的下端长根，而且越靠形态学上端切口处的芽越长，越靠形态学下端切口处的根越长。对根的切段来说，也是形态学上端长芽，形态学下端长根。

极性在指导生产实践上具有重要意义。在进行扦插繁殖时，应注意将形态学下端插入土中，不能颠倒。一般接穗和砧木要在同一方向上相接才能嫁接成功。

思考与练习

1. 影响种子萌发的因素有哪些？

2. 什么叫植物生长大周期？说明其引起的原因和实践意义。

3. 什么叫顶端优势？说明其在生产中的作用。

4. 简述影响植物生长的外界因素有哪些？为什么昼夜温差大更利于植物生长？

5. 简述植物生长的相关性，并说明在农业生产中的应用。

实训五　园林植物播种育苗

一、实训目的

通过实训，掌握园林植物播种育苗技术。

二、实训材料和用具

1. 材料

具有生活力的植物种子（樟树）若干以及肥料。

2. 用具

苗圃生产相关用具。

三、实训方法和原理

1. 选地

宜选择土层深厚的沙质土壤，略具庇荫及避风的水稻茬田作苗圃地。在冬初翻犁晒白后轻耙一次，冬末春初在播种前进行三犁二耙，亩施厩肥 1 500～2 000 kg 或饼肥 25～50 kg，耙匀作基肥。

2. 种子处理

在播种前，用 2‰高锰酸钾溶液浸种消毒 2 h，由于种子发芽时间较长，一般播后 40～50 天才开始发芽，持续可达 50～60 天，且发芽很不整齐。为提高种子发芽率，应用 50℃的温水间歇浸种 3～4 次催芽，以促进发芽整齐。

3. 整地播种

在“雨水”节气至“惊蛰”节气之间，开浅沟条播，行距 20～25 cm，亩播种量 10～12.5 kg。播后用腐殖质土或火烧土覆盖，厚约 1.5 cm，再加盖稻草。

4. 苗期管理

幼苗出土后，长出 3～5 片真叶时开始间苗，每平方米保留 15～20 株，每亩可产苗 2 万～3 万株。樟树主根粗长，而侧根稀少，往往因此影响移栽成活率。为促进侧根的形成，当苗木具有 3～5 片真叶时，用锋利铁铲在苗行两侧与苗株成 45° 角切入，深度 5～6 cm，以截断主根，然后充分灌水，可促进侧根生长。5～6 月是苗木生长高峰，此时适当施促效性肥料，以促使苗木快速生长。当苗木长至高 50～70 cm 时，即可选择在冬季或春季的雨后移栽。

5. 整形修剪

移栽后幼苗生长迅速，需要加强肥水管理，以保证樟树的生长，而且樟树侧枝萌生性很强，需要不时地把侧枝去掉，以保持主干的生长优势，达到一定高度要求后进行去顶造型。

第二节
植物的生殖生长

教学目标

◇掌握春化作用和光周期现象的概念
◇能利用春化作用对植物开花进行诱导
◇能利用光周期诱导调节植物开花
◇了解外界条件对生殖生长的影响

由营养生长转入生殖生长是植物生命周期中的一大转折，实现这一转折需要一些特殊的条件。不论是一、二年生或多年生植物都必须达到一定的生理状态后，才能感受所要求的外界条件而开花。植物具有的这种能感受环境条件而诱导开花的生理状态被称为花熟状态。花熟状态是植物从营养生长转入生殖生长的标志。而影响成花的环境条件主要有温度（春化作用）和光照长度（光周期现象）。利用植物生殖生长的一般规律，可以对园林植物进行花期调控。

一、春化作用

1. 春化作用的概念

在自然条件下，低温是诱导某些植物成花的决定性因素之一。羽衣甘蓝、天仙子以及一些多年生草本植物等如不经过低温，则茎不伸长而呈莲座状。这类植物在第一年生长季节形成营养体，以营养体越冬，经受一定天数的低温后，第二年春天才能开花结果。这种低温诱导促使植物开花的作用称为春化作用。

2. 春化作用的时期和部位

（1）春化作用的时期　不同植物感受低温的时期是不同的。大多数一年生植物在种子吸胀后即可以接受低温诱导，如冬小麦、冬黑麦等既可以在种子吸胀后进行春化，也可以在苗期进行，其中以三叶期最快。而大多数需要低温的二年生和多年生植物只有在幼苗生长到一定大小后才能接受低温，而不能在种子萌发状态下进行春化作用。

（2）感受春化作用的部位　大多数植物感受春化作用的部位是茎尖生长点。栽培于温室的芹菜，在高温条件下不能开花结实，但是只要对茎尖生长点进行低温处理，就能通过春化。如果把芹菜栽培在低温条件下，而茎尖处于高温条件下，植株则不能开花结实。还有某些植物的叶片感受低温的部位是在可进行细胞分裂的叶柄基部。一般认为，植物感受春化作用的部位是分生组织和能进行细胞分裂的组织。

3. 春化作用的条件

（1）低温条件　低温是春化作用的主要条件。各种植物春化需求的温度范围和持续的时间不同。对大多数要求低温的植物来说，1～2℃是最有效的春化温度。但只要有足够的时间，在 -3～10℃范围内都有效。各类植物通过春化要求低温条件的时间长短也有所不同。有些植物只需经过几天或最多 2 周的低温处理后，其成花就得到明显的促进。而一些冬性植物则需要 1～3 个月低温诱导才能通过春化。在一定的期限内，春化的效应随低温处理时间的延长而增加。

在植物春化过程结束之前，如将植物放到较高的生长温度下，低温的效果会被减弱或消除，这种现象称为去春化作用或解除春化。一般解除春化的温度为 25～40℃，如冬小麦在 30℃以上 3～5 天即可解除春化。通常植物经过低温春化的时间越长，解除春化越困难。当春化过程结束后，春化效应则很稳定，不会被高温解除。大多数去春化的植物返回到低温下，又可重新进行春化，而且低温的效应是可以累加的，这种解除春化之后再进行的春化过程称为再春化作用。

（2）其他条件　春化作用除了需要一定时间的低温外，还需要充足的氧气以及适宜的水分、光照和糖分。

二、光周期

1. 光周期的概念

在一天中，白天和黑夜的相对长度，称为光周期。光周期对花诱导的影响极为显著。对多数植物来说，特别是一、二年生植物，当同一种植物生长在特定纬度的时候，每年都大约在相同的日子开花。植物对白天和黑夜的相对长度的反应，称为光周期现象。植物的开花、休眠和落叶，以及鳞茎、块茎、球茎等地下贮藏器官的形成都受昼夜长度的调节，如长日照可以加速树木及其他多年生植物器官的衰老、脱落和休眠，促进地下贮藏器官如大丽花的块根膨大等。但是，在植物的光周期现象中最为重要且研究最多的是植物成花的光周期诱导。

光周期虽然一般不影响树木的成花，但能影响树木的休眠。在引种树木时也应考虑其

光周期需要。南树北移，往往因不能及时进入休眠而不能顺利越冬；北树南移，则容易提早进入休眠而导致生长缓慢。

2. 光周期的反应类型

各种植物成花对日照条件的要求是不同的，根据植物对光周期现象的反应不同，可将植物分为以下三种类型：

（1）短日植物（SDP）　短日植物是指在昼夜周期中日照长度短于某一临界值时才能开花的植物。对这些植物适当延长黑暗或缩短光照可以提早开花，如延长日照则推迟开花或不能成花。属于短日植物的有：菊花、一品红、长寿花、秋海棠、蜡梅、日本牵牛等。

（2）长日植物（LDP）　长日植物是指在昼夜周期中日照长度长于某一临界值时才能开花的植物。延长日照长度可促进开花，而延长黑暗则推迟开花或不能开花。属于长日植物的有：唐菖蒲、满天星、金光菊、雏菊、紫罗兰、山茶、杜鹃、桂花、天仙子、多年生黑麦草等。如典型的长日植物天仙子必须满足一定天数的 8.5～10.5 h 日照才能开花，如果日照长度短于 8.5 h 就不能开花。

在生产唐菖蒲切花时，要想周年供应市场需要，在秋末、冬季和早春必须分期分批地在高温温室内栽种种球。由于唐菖蒲是典型的长日植物，冬季生产时只满足它们对温度和肥水的需求是不够的，还必须补光，使每天的光照时间保证在 13 h 以上，这样才能进行花芽分化并实现周年开花。

（3）日中性植物（DNP）　日中性植物是指在任何日照长度条件下都能开花的植物。这类植物的开花对日照长度要求的范围很广，一年四季均能开花。如凤仙花、月季、非洲菊、美人蕉、栀子、矮牵牛、扶桑、窄叶冬青、四季海棠、天竺葵等。

植物成花的光周期现象反映着自然条件的光周期性，与其地理起源和长期所处的生态环境有着密切联系。低纬度地区没有长日照条件，所以主要分布短日植物。在中等纬度地区，长日植物和短日植物都有，长日植物如唐菖蒲在春末夏初成花，而短日植物如菊花、一品红在秋季成花。在高纬度地区，由于短日照时期气温已低，所以主要生存一些要求日照时间较长的植物。

3. 临界日长

临界日长是指昼夜周期中诱导短日植物开花所需的最长日照或诱导长日植物开花所需的最短日照。对于长日植物来说，当日长大于其临界日长时，即可诱导开花，日照短于临界值则不能开花。日照越长，开花越早，在连续光照下开花最早。而对短日植物而言，日长必须小于其临界日长时才能开花，而日长超过其临界日长时则不能开花。但日长过短也不能使短日植物开花，可能是因为光照时间不足，植物缺乏营养物质导致。如短日植物菊花，在日长只有 5～7 h 时，开花明显延迟。有些植物开花对日长的要求非常严格，对短日植物而言，当日长大于临界日长时，植物就绝对不开花，这类短日植物称为绝对短日植物。君子兰属于短日植物，其正常开花期是冬季和早春。用播种方法繁殖的君子兰实生苗，培养 3～4 年就应开花，但有些培养了 5～6 年仍不开花，其主要原因是室内晚间的照明灯光过强，延长了光照时间，导致实生苗不能进行花芽分化。要想让它们正常开花，每年从立秋开始，在日落前将实生苗移到无灯光照明的室内或阳台上，使其处于短日照环境中，就能正常开花。对长日植物而言，当日长短于其临界日长时，也绝对不会开花，这类长日植物称为绝对长日植物。而多数长日植物或短日植物对日长的反应并不十分敏感，它们没有明确的临界日长，这些植物称为相对长日植物或相对短日植物。

4. 临界暗期与暗期间断

与临界日长相对应的还有临界暗期。所谓临界暗期，是指在昼夜周期中长日植物能够开花的最长暗期长度或短日植物能够开花的最短暗期长度。从临界暗期的角度来看，短日植物实际上就是长夜植物，而长日植物实际上就是短夜植物。临界暗期对短日植物和长日植物的开花都是十分重要的。尤其是短日植物，其成花主要是受暗期长度的控制，而不是受日照长度的控制。

可以用短日植物苍耳作为材料进行试验。当给予 16 h 暗期处理时，发现在暗期中即使是短至 1 min 的照光处理（暗期间断），苍耳仍然保持营养生长状态而不能开花，其效果如同将苍耳置于长日照中一样，而用短暂的黑暗来间断白昼则对其开花毫无影响。暗期间断所需要的光照强度非常低，处理的时间也很短，一般只需几分钟。

如果用短时间的黑暗打断光期，对长日植物和短日植物的开花反应都没有什么影响。但如果用闪光处理中断暗期，则使短日植物不能开花，继续营养生长；相反，可诱导长日植物开花。

由此看来，在植物的光周期诱导成花中，暗期的长度是诱导植物成花的决定因素，尤其是短日植物，要求超过一个临界值的连续黑暗。如前所述，短日植物的成花反应需要长暗期，但光期过短亦不能成花。不同种类的植物，暗期间断所需的光照时间长短不同。菊花需要在暗期的中间连续数周大于 1 h 的照光才能生效。而一些敏感的短日植物，照光几分钟就足以阻止成花。一些长日植物如天仙子，当长暗期被 30 min 或更短时间的光照间断时，成花反应便得到促进。另外，暗期间断发生的时间对暗期间断的效果也会有很大的影响，一般来说，在暗期的中间给予闪光最为有效。

5. 光周期诱导

（1）光周期诱导　对光周期敏感的植物只有在经过适宜的日照条件诱导后才能开花，但引起植物开花的适宜光周期处理，并不需要一直持续到花芽分化。植物在达到一定的生理年龄时，经过足够天数的适宜光周期处理，以后即使处于不适宜的光周期下，仍然能保

持这种刺激的效果而开花，这种现象称为光周期诱导。因此，光周期成花反应是个诱导过程，花芽的分化并不一定是在适宜光周期处理的当时，植物可以保持这种诱导状态，改变发育进程。光周期诱导所需的处理天数因植物种类不同而异。短日植物如苍耳、日本牵牛、浮萍等只有一个短日照周期，而菊花则需要 12 天。长日植物天仙子需要光周期处理 2～3 天。增加光周期诱导的天数可以加速花原基的发育，花的数量也会增多。每种植物光周期诱导需要的天数随植物的年龄以及环境条件的改变而有所变化，影响植物光周期诱导所需天数的环境条件主要有温度、光照强度和日照长度。

（2）光周期刺激的感受和传导　植物在适宜的光周期诱导后，发生光周期反应的部位是茎顶端生长点，而感受光周期的部位是叶片。如果只对植物的茎尖进行光周期处理，则植物不开花。只有当叶片暴露在适宜的光周期条件下，才能诱导植株开花。如短日植物菊花，若全株置于长日照条件下，则不会开花，只进行营养生长；若全株置于短日照条件下，正常开花；若下部叶片每天按时遮光，缩短其日照长度，则顶芽即使处于长日条件下也可开花；若只给顶芽短日处理而叶片处于长日照下，则植株仍保持营养生长状态。这个试验充分证明了植物感受光周期的部位是叶片，如图 3—2 所示。

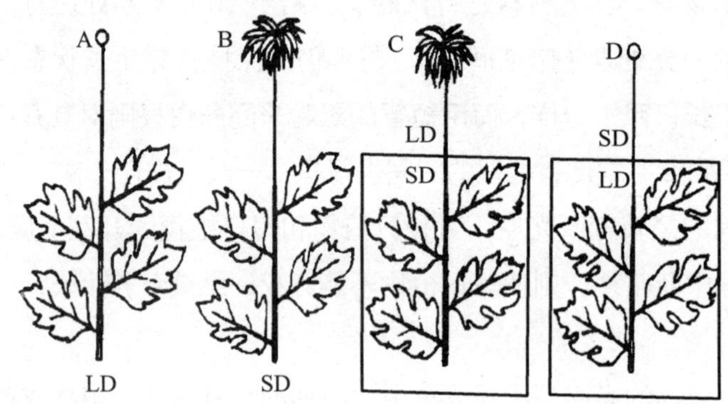

图 3—2　叶片和营养芽的光周期处理对菊花开花的影响

A—全株置于长日照　B—全株置于短日照　C—顶芽长日照，叶片短日照
D—顶芽短日照，叶片长日照

由于感受光周期的部位是叶片，而成花部位是茎尖端的生长点，因而推测叶片在光周期诱导下可能产生某种化学物质并向茎尖端转移。20 世纪 30 年代，苏联学者柴拉轩（Chailakhyan）用嫁接试验证实了这种假设：将 5 株苍耳嫁接在一起，只要把一株上的一个叶片置于适宜的光周期（短日照）下诱导，其他植株即使处于不适宜的光周期（长日照）下，所有植株仍都能开花，如图 3—3 所示。这个试验证实了叶片中产生的开花刺激物可以在不同的植株间传递并发挥作用。柴拉轩把这种开花刺激物称为“成花素”。更有趣的是，不同光周期类型的植物，通过嫁接后，能互相影响开花。例如长日植物天仙子和

短日植物烟草嫁接，无论在长日照下还是在短日照下两者都能开花。又如将长日植物大叶落地生根在适宜的光周期下把诱导的花切去，把未经诱导的短日植物高凉菜嫁接在大叶落地生根的断茎上，置于长日照条件下高凉菜可大量开花。但如果作为砧木的大叶落地生根在嫁接前未经适宜光周期诱导，则嫁接在其上的高凉菜仍保持营养生长状态。说明经过适宜光周期诱导的大叶落地生根体内确实形成了某种刺激开花的物质，并可以通过嫁接传递到未经光周期诱导的高凉菜体内，使它在非诱导的长日照条件下也能开花。因此，人们推测长日植物和短日植物的成花刺激物可能具有相同的性质。

图 3—3　成花素在嫁接植株间的传递

6. 影响光周期诱导的因素

（1）植物激素对成花诱导的作用　在五类植物激素中，赤霉素影响成花的效应最大。赤霉素可促进多种长日植物在短日照条件下成花，并可代替多种植物对低温的要求。施用抗赤霉素的 2—氯乙基三甲基氯化铵则抑制长日植物开花。

生长素可抑制短日植物成花。如将苍耳插条浸入吲哚乙酸溶液中，其光周期诱导成花反应受到抑制。用吲哚乙酸极性运输的抑制剂三碘苯甲酸（TIBA）处理时，则会促进苍耳开花。与此相反，吲哚乙酸能促进一些长日植物如天仙子、毒麦等的成花。

细胞分裂素能促进藜属、紫罗兰属、牵牛属和浮萍等植物成花。不过紫罗兰属植物体内细胞分裂素含量的增加不是出现在光周期诱导过程中，而是在光周期诱导之后。乙烯能有效地诱导凤梨成花。

脱落酸可代替短日照促使一些短日植物在长日照条件下开花。如将脱落酸溶液喷于黑醋栗、牵牛、草莓和藜属的植物叶片上，可使它们在长日照条件下开花。但是脱落酸却使毒麦、菠菜等长日植物的成花受到抑制。脱落酸抑制毒麦成花的时间是在花发育开始之时，抑制作用的部位是在茎尖而不是在叶片。

虽然已知的各类植物激素与植物的成花都有关系，但是，到目前为止尚未发现一种

激素可以诱导所有光周期特性相同的植物在不适宜的光周期条件下开花，即使能诱导几十种植物在非诱导条件下成花的赤霉素，也有相当多同类的植物在施用赤霉素时没有成花反应。根据这些现象推测：植物的成花过程（包括花芽分化和发育）可能不是受某一种激素的单一调控，而是受几种激素以一定的比例在空间上（激素作用的部位）和时间上（花器官诱导与发育时期）的多元调控。植物的成花过程是分段进行的，在不同的阶段，可能由不同的激素起主导作用。因此，不同的光周期条件通过刺激或抑制各种植物激素之间的协调平衡来控制植物的成花。在适宜的光周期诱导下或外施某种植物激素，可改变原有的激素比例关系而建立新的平衡，进而诱导与成花过程有关的基因的开启，从而调节成花。

（2）植物营养对光周期的影响　植物体内的营养状况可以影响植物的成花过程。克雷布斯（Klebs）通过大量试验观察到：植物体内碳水化合物与含氮化合物的比值高时，植物开花；而比值低时植物不开花。据此，他提出开花的碳氮比（C/N）理论。但后来发现，碳氮比高促进开花的植物仅是某些长日植物或日中性植物，而对短日植物不适用。植物的成花是植物生长发育中的关键性转变过程，必然涉及基因开启，用碳氮比理论显然不能很好地解释植物成花诱导的本质。但是，植物开花过程的实现确实需要营养物质的保证，在园林植物生产中可以通过控制肥水来调节碳氮比，从而控制营养生长和生殖生长。例如：在养护观叶植物时，喷水多时，碳氮比降低，延长营养生长，延迟生殖生长，延迟穗的形成；但在少水干旱的条件下，提高碳氮比，可促使幼穗分化，提早抽穗，降低观赏价值。在观花植物中，通过适当控水，提高碳氮比，促进花芽分化，促使开花提前，利于提早上市；适当调节碳氮比，可使花器增大并延长观花时间，提高观赏价值。

（3）温度与光周期反应的关系　在光周期现象中，光照是主导因素，但其他外界条件也有一定的作用，并且会影响植物对光照的反应，其中温度的影响最为显著。温度不仅影响植物通过光周期的时间，而且可以改变植物对日照的要求。温度降低可以使长日植物在较短的日照下开花。长日植物在较低的夜温下还会失去对日照长度的敏感而呈现出日中性植物的特征。对短日植物来说，降低夜温可以使其在较长日照下开花，如牵牛在 21～23℃下是短日性的，而在 13℃低温下却表现为长日性，一品红在较低温度下也表现出长日性。温度影响光周期反应的本质目前仍不清楚。

三、春化作用和光周期现象在园林植物生产中的应用

生产中，常常根据实际需要采取相应的栽培管理措施，人为地控制植物开花，使植物提前开花或延迟开花，以达到调节其生长与发育的目的。

1. 春化处理

在园林植物生产中常常利用春化效应来调控某些植物开花。例如，用春化处理可使一年生、二年生草本植物花卉改为春播，在当年开花。如用 0～5℃处理石竹以诱导其通过春化，可促使其花芽分化。要想周年生产百合，仅在温室大棚内满足其对温度和光照的需求是不够的，必须把采收下来的鳞茎先放在冷库或冰箱的底层，保持 1～3℃左右的低温（最高不得超过 5℃），让其度过春化阶段，然后进行栽种，在 15℃以上的温度条件下，40 天即可开花。原产地中海沿岸和小亚细亚一带的郁金香和风信子、原产南非好望角的小苍兰等秋植球根花卉，都必须经过冬季的低温春化作用后，才能在第二年进行花芽分化，抽薹开花。

2. 引种

生产中，需要经常从外地引进优良品种，以实现高产的目的。保证优良品种引进成功，必须首先了解引进地的温度和光照条件能否使该品种及时开花结实。北方的品种往南引种时，就有可能无法满足其对低温的要求，从而只能进行营养生长而不能开花结实。对日照要求严格的植物进行南北跨纬度引种时，其生育期会发生变化，易造成过早或过晚开花。因此，引种时要特别注意。

3. 育种

根据植物对光周期的特性，通过光周期诱导，可以加速育种进程，缩短育种年限。育种工作中，还经常能遇到父母本花期不遇的现象，利用人工控制温度和光照时间，就可以加速或延迟植物的开花，使花期相差很远的两个品种或两种作物，在同一时间开花，以便进行有性杂交，从而获得新的杂种。在秋菊杂交育种时，可人为缩短光周期，促使其开花，以便进行有性杂交，培育菊花新品种。玫瑰对温度很敏感，气温高，开花就早，气温低，开花就迟，育种中可通过控制温度来调节玫瑰的花期，进行品种繁育。

知识拓展

一、花芽分化

植物经过营养生长后，在适宜的外界条件下，就能分化出生殖器官，最后结出果实。尽管植物有一年生、二年生和多年生之分，但它们的共同特点是在开花之前都要达到一定的生理状态，然后才可感受外界条件进行花芽分化。花原基的形成、花芽各部分分化与成熟的过程，就称为花器官的形成或花芽分化。花芽分化是植物由营养生长过渡到生殖生长的标志。在花芽分化期间，茎端生长点的形态发生了显著变化，即生长锥伸长和表面积增大，如图 3—4 所示。

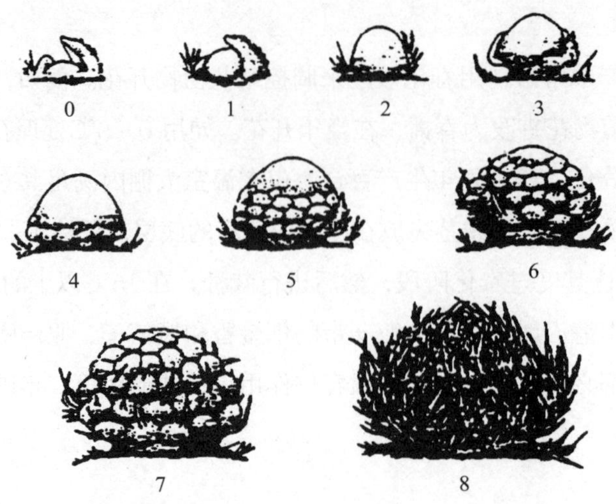

图 3—4 苍耳接受短日照诱导后生长锥的变化

二、影响花芽分化的因素

1. 营养状况

营养是花芽分化及花器官形成与生长的物质基础，其中碳水化合物对花芽分化的形成尤为重要。花器官形成需要大量的蛋白质，氮素营养不足，花芽分化慢且开花少；但氮素过多，碳氮比失调，植株营养体徒长，反而影响花的发育。

2. 内源激素对花芽分化的调控

细胞分裂素、脱落酸和乙烯可促进果树的花芽分化，赤霉素则可抑制果树的花芽分化。生长素的作用较复杂，低浓度的生长素对花芽分化起促进作用，而高浓度的生长素对花芽分化起抑制作用。赤霉素可提高淀粉酶活性，促进淀粉水解，而脱落酸和赤霉素则有颉颃作用，有利于淀粉积累。在夏季对果树新梢进行摘心，赤霉素和生长素含量减少，细胞分裂素含量增加，这样能促进营养物质的分配，促进花芽分化。

此外，花芽分化还受植物体内营养状况与激素间平衡状况的影响。在一定的营养水平条件下，内源激素的平衡对成花起主导作用。在营养缺乏时，花芽分化则要受营养状况影响，当植物体内营养物质丰富，细胞分裂素和脱落酸含量高而赤霉素含量低时，有利于花芽分化。

3. 环境因素

环境因素主要包括光照、温度、水分和矿质营养等，其中光对花芽分化影响最大。光照充足时，有机物合成多有利于花芽分化；反之则花芽分化受阻。农业生产上对果树整形修剪、棉花整枝打杈即是在改善光照条件，以利于花芽分化。

一般情况下，在一定范围内植物的花芽分化随温度升高而加快，温度主要通过影响

光合作用、呼吸作用和物质转化运输等过程，间接影响花芽分化。如水稻减数分裂期间，若遇上17℃以下的低温就会形成不育花粉；低于10℃时，苹果的花芽分化则处于停滞状态。

不同植物的花芽分化对水分的需求不同，水稻、小麦等作物孕穗期对缺水相当敏感，此时若水分不足会导致颖花退化。而夏季适度干旱可提高果树碳氮比，有利于花芽分化。氮肥过少不能形成花芽，氮肥过多枝叶旺盛，花芽分化受阻；增施磷肥，可增加花数，缺磷则抑制花芽分化。因此，在施肥中应注意合理配施氮、磷、钾肥，并注意补充锰、钼等微量元素，以利于花芽分化。

思考与练习

1. 什么叫春化作用？什么叫光周期？
2. 简述春化作用的条件及其感受部位。
3. 春化作用和光周期理论在园林植物生产上有哪些指导意义？
4. 影响光周期诱导的因素有哪些？
5. 植物在光周期诱导反应上有哪些类型？

第三节 植物生长物质

教学目标

◇掌握植物激素的种类及主要作用
◇掌握植物生长调节剂的种类及主要应用
◇能利用生长调节剂调节植物生长

植物的生长发育是十分复杂的生命过程，除了需要水分和营养物质外，还需要一些其他物质来调节和控制植物的生长。这些调节和控制植物生长发育的物质，称为植物生长物质。研究植物生长物质，并运用其为农业生产服务，具有十分重要的意义。例如某些植物能插枝生根；组织培养中诱导愈伤组织发育成完整植株；植物制种过程中，调节花期，使父母本花期相遇；控制以收获营养体的作物（如麻类、甘蔗）和部分蔬菜（如萝卜、白菜）的开花过程，推迟开花或达到不开花；提高营养体的产量和品质及催熟收获的一些新鲜水果等都和植物生长物质有直接的联系。

现已知道，植物生长物质是一些能调节和控制植物生长发育的微量化学物质，可以分为植物激素和植物生长调节剂两大类。

一、植物激素

植物激素是指植物体内合成的，并能从产生之处运送到别处，对植物生长发育产生显著作用的有机化学物质。目前得到普遍公认的有生长素、赤霉素、细胞分裂素、脱落酸和乙烯五大类。它们都具有以下特点：一是内源性。都是植物生命活动过程中正常的代谢产物。二是移动性。都能从合成器官向其他器官转移。三是显效性。都在体内含量很低，但对代谢过程起极大的调节作用。例如在 1 kg 向日葵鲜叶中玉米素（一种细胞分裂素）含量约为 5～9 μg，而 7 000～10 000 株玉米幼苗顶端只有 1 μg 生长素。四是双重性。一些激素有促进和抑制两方面作用，不同浓度、对不同器官的作用有所不同。

1. 生长素

（1）生长素在植物体内的分布和运输

植物体自身合成的生长素即吲哚乙酸，简称 IAA。生长素在植物体内分布很广，但更多地集中在代谢旺盛的部位，如胚芽鞘、芽和根尖端分生组织内以及形成层、受精后的子房、快速生长的其他器官。

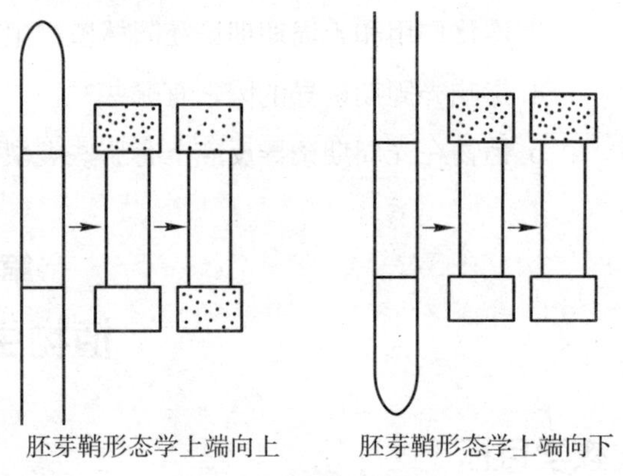

图 3—5　生长素的极性运输

生长素的运输存在着极性运输（只能从植物形态学的上端向下端运输，而不能反向运输）和非极性运输现象。极性运输中在植物茎部是通过韧皮部运输，在胚芽鞘内是通过薄壁组织运输，在叶片中是通过叶脉运输，在非极性运输中则是通过维管束运输，如图 3—5 所示。

（2）生长素的生理作用

1）促进生长。生长素最明显的效应就是可促进茎切段和胚芽鞘伸长生长，其原因主要是促进了细胞的伸长生长。在一定浓度范围内，生长素对离体的根和芽的生长也有促进作用。此外，生长素还可用于组织培养中诱导愈伤组织形成。但生长素对生长的作用具有双重性，即较低浓度下可促进生长，而高浓度时则抑制生长。此外，不同器官对生长素的最适浓度是不相同的，顺序为茎段最高，芽次之，根最低。因此，在使用生长素时必须注意使用的浓度、时期和植物的部位。

2）促进插条不定根的形成。生长素可以有效地促进插条不定根的形成，原因主要是刺激了插条基部切口处细胞的分裂与分化，诱导了根原基的形成。用生长素类物质促进插条形成不定根的方法已广泛用于苗木的无性繁殖。

3）对养分的调运作用。生长素具有很强的吸引与调运养分的效应。利用这一特性，用生长素进行处理，可促使子房及其周围组织膨大而获得无籽果实。

4）其他作用。生长素还广泛参与许多其他生理过程。如促进菠萝开花、引起顶端优势、诱导雌花分化、促进形成层细胞向木质部细胞分化、促进光合产物的运输、叶片的扩大和气孔的开放等。此外，生长素还可抑制花朵脱落、叶片老化和块根形成等。

2. 赤霉素

（1）赤霉素在植物体内的合成部位和运输　赤霉素简称 GA，多存在于植物体内生长旺盛的部位，而合成的部位是营养芽、幼叶、幼根、正在发育的种子、萌发的胚等幼嫩组织。一般来说，生殖器官所含的赤霉素比营养器官中高，正在发育的种子是赤霉素的丰富来源。赤霉素类物质种类很多，在同一种植物中往往含有几种赤霉素，如南瓜和菜豆分别含有 20 种和 16 种赤霉素。

赤霉素在植物体内的运输没有极性，可以双向运输。在顶端合成的可以沿韧皮部随代谢物质向下运输，在根部合成的赤霉素可以随蒸腾流沿木质部向上运输。

（2）赤霉素的生理作用

1）促进细胞分裂和茎的伸长。赤霉素最显著的生理效应是促进植物的生长。从对西瓜苗茎尖分生细胞的研究表明，赤霉素主要作用是缩短细胞分裂间期，促进 DNA 复制，用赤霉素处理植株能使茎伸长加快，但节间数不改变，所以在叶茎类作物如芹菜、莴苣、韭菜、牧草、苎麻等的生产上，使用赤霉素效果十分明显；而且赤霉素不存在超最适浓度的抑制作用，即使浓度很高，仍可表现出较明显的促进作用（与吲哚乙酸有明显差异）。但赤霉素对离体茎切断的伸长几乎没有促进作用。

2）促进抽薹开花。某些高等植物花芽的分化是受日照长度和温度影响的。例如，二年生植物需要一定日数的低温处理（即春化）才能开花，否则表现出莲座状而不能抽薹开花。但通过赤霉素处理，则不经低温过程也能诱导开花。此外，赤霉素也能代替长日照诱导某些长日植物开花。对于已经花芽分化的植物，赤霉素具有显著的促进开花的作用，如能促进甜叶菊、铁树及柏科、杉科植物的开花。

3）打破休眠。对于一些需光或需低温处理才能打破休眠开始萌发的种子，使用赤霉素处理可诱导种子内水解酶的合成，催化贮藏物质的降解，打破休眠，促进种子萌发。此外，赤霉素还能促进树木和马铃薯休眠芽的萌发。生产上，刚刚收获的马铃薯块茎处于休眠状态，用赤霉素处理可以打破休眠，解决一年两季栽培的问题。

4）促进雄花分化，提高结果率。对于雌雄同株异花的植物，使用赤霉素后雄花的比例增加。对果树和棉花，在开花期使用赤霉素还可以减少脱落，提高坐果率。

5）促进单性结实。如果在葡萄花穗开花1周后喷赤霉素，可使果实的无籽率达60%～90%，收获前1～2周喷赤霉素，可提高果粒甜度。

3. 细胞分裂素

（1）细胞分裂素的合成部位　细胞分裂素在植物体内的主要合成部位是细胞分裂旺盛的根尖和果实细胞内的微粒体。细胞分裂素普遍存在于高等植物体内，特别是正在进行细胞分裂的器官，如在茎尖、根尖、未成熟的或正在萌发的种子，以及生长着的果实和胚组织中分布较多。

（2）细胞分裂素的生理作用

1）促进细胞分裂和扩大。细胞分裂素的主要作用是促进细胞的分裂。在进行组织培养时，如果培养基中不加细胞分裂素，细胞很少分裂。当培养基中加入细胞分裂素后，细胞就进行分裂，产生愈伤组织。另外，细胞分裂素也可以使细胞的体积扩大，但不伸长，这与生长素的作用不同。在离体叶片培养中，加入细胞分裂素后，叶片变得宽而厚，这是由于细胞分裂素能减弱由生长素引起的伸长生长，而使细胞横向扩张。细胞分裂素对叶片的这种作用，在农业生产上有一定意义，例如蔬菜以及茶叶等叶用经济植物，在施用一些类似细胞分裂素的化合物后，能提高产量。

2）诱导芽的分化。促进芽的分化是细胞分裂素最重要的生理效应之一。在烟草愈伤组织培养的研究中发现，愈伤组织产生根或产生芽，取决于生长素与细胞分裂素浓度的比值。当细胞分裂素和生长素的比值低时，可诱导根的分化，比值高时则诱导芽的分化，两者比值处于中间水平时，愈伤组织只生长不分化。可见，在芽的分化中，细胞分裂素起着重要的作用。

3）延缓衰老。延缓衰老是细胞分裂素特有的作用。离体的叶片会逐渐衰老，叶绿素被破坏，叶色由绿变黄。如果把叶片插在含有一定浓度的细胞分裂素的溶液中，就可以保持绿色、延缓衰老。这是因为细胞分裂素能抑制核糖核酸酶、脱氧核糖核酸酶和蛋白酶等的活性，延缓核酸、蛋白质和叶绿素等物质的降解。同时，细胞分裂素能诱导营养物质向其所在的部位运输，从而延缓衰老。所以，细胞分裂素可以延长鲜切花、蔬菜的储存时间，防止果树落花、落果。

4）促进侧芽发育，消除顶端优势。细胞分裂素能消除由生长素所引起的顶端优势，促进侧芽生长发育。如豌豆苗第一真叶叶腋内的侧芽，一般处于潜伏状态，但若用细胞分裂素溶液喷于叶腋处，叶芽即可生长发育。

5）打破种子休眠。在黑暗中不能萌发的需光种子，用细胞分裂素可代替光照打破这类种子的休眠，促进其萌发。

4. 脱落酸

（1）脱落酸的分布和运输　脱落酸简称 ABA，是一种天然抑制剂，在植物体内广泛存在，在即将脱落或休眠的组织或器官中存在较多。在逆境条件下，脱落酸的含量也会迅速增多。一般情况下，陆生植物中脱落酸的含量高于水生植物。

脱落酸运输不具有极性。在菜豆的叶柄切段中，脱落酸向基部运输速度比向顶端运输速度快 2～3 倍。脱落酸主要以游离型的形式运输，在植物体内运输速度很快，在茎和叶柄中的运输速度大约是 20 mm/h。

（2）脱落酸的生理作用

1）促进脱落。植物器官或组织的脱落与脱落酸的含量关系十分密切。脱落酸促进植物器官或组织脱落的主要原因是促进了离层的形成，如图 3—6 所示。

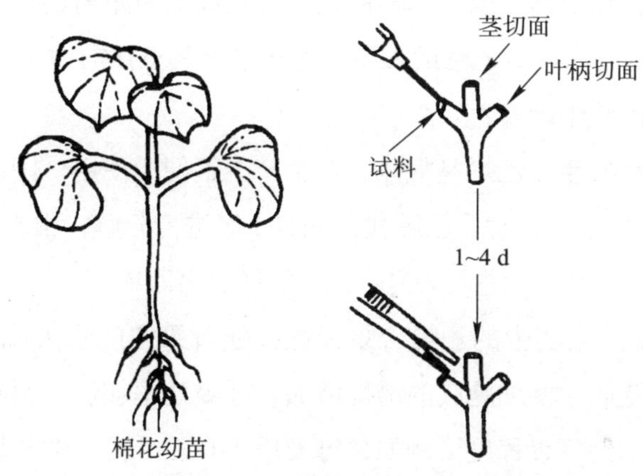

图 3—6　脱落酸促进叶子脱落的试验

2）促进气孔关闭，降低蒸腾作用。其原因是脱落酸使保卫细胞中的钾离子外渗，造成保卫细胞的水势高于周围细胞的水势，而使得保卫细胞失水。1986 年科尼什发现，在水分胁迫下，叶片的保卫细胞中脱落酸含量是正常水分条件下脱落酸含量的 18 倍。同时发现，脱落酸还能促进根系的吸水与分泌速率，增加其向地上部分的供水量，因此，脱落酸也是植物体内调节蒸腾的激素。

3）促进休眠。脱落酸能促进多种木本植物、多年生植物和种子的休眠。将脱落酸施用于红醋栗或其他木本植物生长旺盛的小枝上，植株的节间缩短，营养叶变小，顶端分生组织有丝分裂减少，形成休眠芽，并造成下部的叶片脱落，表现出休眠的一般症状。

4）抑制生长。脱落酸能抑制整株植物或离体器官的生长，也能抑制种子的萌发。脱落酸的抑制效应比酚类物质高千倍，但其抑制效应是可逆的，一旦除去脱落酸，被抑制的器官又能恢复生长，种子继续萌发。

5）增加抗逆性。干旱、寒冷、高温、盐害、水渍等逆境可以使植株体内脱落酸含量迅速增加，从而提高抗逆性。如脱落酸可显著降低高温对叶绿体超微结构的破坏，增加叶绿体的热稳定性，同时可诱导某些酶的重新合成而增加植物的抗冷性、抗涝性和抗盐性，因此，人们又把脱落酸称为应激激素或胁迫激素。

5. 乙烯

（1）乙烯的分布与运输　乙烯简称 ETH，广泛分布于植物的根、茎、叶、花、果实和种子中。高等植物的各组织和器官都能产生乙烯，但不同组织、不同器官和不同发育时期，乙烯的含量有所不同。分生组织、种子萌发、花刚凋谢的子房和果实成熟时产生乙烯最多。各种逆境如低温、干旱、水涝、虫害、二氧化硫、臭氧等也可诱导乙烯的大量产生。

乙烯是气态激素，在植物体内的运输性较差。乙烯的短距离运输可以通过细胞间隙进行扩散，但扩散距离非常有限。乙烯的长距离运输依靠其直接前体 1—氨基环丙烷—1—羧酸（ACC）在木质部溶液中运输。

（2）乙烯的功能和应用　乙烯是气体，在生产上不便于使用，因此一般都用它的类似物乙烯利（2—氯乙基膦酸）代替。乙烯利在 pH>4 时进行分解，由于植物体内的 pH 值一般都高于 4，所以，乙烯利溶液进入细胞后，就能释放出乙烯。

1）果实催熟。幼嫩果实中的乙烯含量极微，随着果实的长大成熟，乙烯合成加速。与此同时乙烯刺激细胞膜，使细胞膜的透性增加，呼吸速率加快，引起果实的果肉内有机物的强烈转化，最后达到可食程度。例如，每天用 1 000 mg/L 的乙烯利水溶液浸泡青绿未熟的柑橘或葡萄 1～10 min，数天后即可达到成熟。

2）促进脱落和衰老。乙烯最早被人注意的一个作用，就是乙烯会促使叶片和果实脱落。这是因为乙烯能促进细胞壁降解酶——纤维素酶的合成，而且控制纤维素酶由原生质体释放到细胞壁中，从而促进细胞衰老和细胞壁的分解，引起离区近茎侧的细胞膨胀，从而迫使叶片、花或果实脱落。

3）乙烯对开花和花性别的影响。生产上可用乙烯利调节植物开花。种植热带植物芒果可以用乙烯利调节，促使其提早开花；苹果也可以用乙烯利促使其提早开花。但是菊花的花芽形成受乙烯利抑制。葫芦科的植物用乙烯利处理，形成雌花较多。

4）促进次生物质排出。乙烯具有刺激橡胶树排泌乳胶的作用。用乙烯利的水溶液或油剂处理橡胶树后，第二天排胶量就有增加，比不处理时多十几倍。这种措施已在我国南方橡胶园采用。此外，乙烯也能增加漆树、松树和印度紫檀等重要木本经济植物的次生物质产量。

二、植物生长调节剂

随着植物激素的研究和发展，人们合成了许多具有激素活性的物质，以便更有效地控制植物的生长发育，这就是目前普遍应用的植物生长调节剂。常用的植物生长调节剂按照其作用效果，分为生长促进剂、生长延缓剂和生长抑制剂。

1. 生长促进剂

（1）萘乙酸（NAA）能促进扦插生根，促进开花，疏花疏果，防止采前落果，广泛用于组培生根、植物的扦插繁殖。

（2）吲哚丁酸（IBA）能促进扦插生根，形成的不定根多而细长，常用于组培生根和果树、花卉的扦插繁殖，适应范围广且安全，是目前最主要的调节剂。

（3）2，4—二氯苯氧乙酸（2，4—D）在高浓度时可作为除草剂，低浓度时可防止落花落果并诱导无籽果实的形成，常用于番茄、茄子和柑橘的保花保果或杀除田间的双子叶杂草。

（4）萘氧乙酸（NOA）能促进扦插生根，防止采前果实脱落。

（5）6—苄基腺嘌呤（6—BA）能促进分生组织形成，促进侧芽萌发，增大分枝角度，减少落果。用于组培中外植体愈伤组织诱导及增殖，或花椰菜、甘蓝和莴苣等蔬菜的贮藏保鲜。

2. 生长延缓剂

（1）矮壮素（CCC）能抑制营养生长，使植物根系发达，节间缩短，茎秆加粗，叶色加深，叶片加厚加宽，抗倒伏，有利于花芽形成和坐果。在生产中多用于控制小麦、棉花、花生和大豆等植物的徒长，防止倒伏。

（2）比久（B_9）能抑制营养生长，减弱顶端优势，使植物矮化粗壮，抗寒、抗旱能力增强，有利于花芽形成，防止落花、落果，促进果实着色，延长贮藏期。生产上常用于促进马铃薯块茎膨大，促进苹果、瓜类蔬菜的结果，延长叶用莴苣的贮藏期等。但由于有强致癌性，应禁止使用。

（3）多效唑（PP_{333}）可明显减弱植物的顶端优势，促进侧芽发生，使茎变粗，叶色变绿，植株矮化紧凑，并可提高植株抗性。生产中用于控制油菜、花生、大豆和菊花等的营养生长，提高水稻、油菜、桃和辣椒等的抗逆性，或增加苹果、梨和柑橘等果树的花芽数和坐果率。

（4）缩节胺（DPC）常用于控制棉花的生长，能抑制主茎和节间伸长，防止花蕾和棉铃脱落。

3. 生长抑制剂

（1）乙烯利（CEPA）可促进果实成熟和脱落，抑制营养生长，诱导雌花形成，促进

开花，促进乳液分泌，延迟花期，提早休眠，提高抗寒性等。

（2）三碘苯甲酸（TIBA）能阻碍生长素运输，消除顶端优势，促进侧芽萌发，使植株矮化。

（3）马来酰肼（MH，青鲜素）与生长素作用相反，抑制顶端分生组织的细胞分裂，破坏顶端优势，抑制生长和发芽。生产上常用于抑制洋葱、马铃薯、大蒜等在贮藏期间发芽，抑制烟草侧芽生长等。但马来酰肼可能致癌和使动物染色体畸变，因此，对食用植物以不用为宜。

（4）整形素（形态素）能抑制植物生长和种子萌发，使植株矮化。生产中用于园林造型，抑制甘蓝、莴苣的抽薹而促进结球等。

（5）烯效唑（S_{3307}）活性比多效唑强，能抑制植物徒长，使植株矮化。在生产中应用较多，如大豆在花期使用可促进结荚。

知识拓展

生长素类调节剂在生产实践中的应用

在认识到吲哚乙酸是一种重要的植物激素后不久，从人工合成的一些有机物中筛选出多种与生长素有类似生理效应的植物生长调节剂。例如：吲哚丙酸、吲哚丁酸、萘乙酸、2，4—二氯苯乙酸（2，4—D）等。这些化合物在结构上和吲哚乙酸相似，都具有生理活性，而且生产过程简单，因此，在农、林业生产上得到了广泛的使用。

一、促进扦插生根

生长素类的物质可使一些不易生根的植物插条顺利生根，常用的药剂有吲哚丁酸、萘乙酸和 ABT 生根粉。与萘乙酸相比，吲哚丁酸的生理作用强而稳定，生出的根多而长；萘乙酸处理后生出的根比较粗壮，但有抑制生长的副作用，因此常将吲哚丁酸和萘乙酸混合使用。ABT 生根粉促进生根的效果优于吲哚丁酸、萘乙酸以及两者的混合物，是目前应用最多的生根促进剂。

二、杀除杂草

在草坪管理中，常应用 2，4—D（1 000 mg/L，0.45 kg/hm^2）杀死草坪中的双子叶杂草，如藜、马齿苋等，而对单子叶草坪草无害。

三、疏花疏果

应用生长调节剂进行化学疏除，可以达到省工、经济和及时的作用。一般在苹果盛花期后使用萘乙酸 2～50 mg/L 或萘乙酰胺 25～50 mg/L 喷施，可达到疏花疏果的目的。

思考与练习

1. 什么叫植物生长激素？它有何特点？

2. 简述生长素的生理作用。

3. 农业生产上常用的生长调节剂有哪些种类，其主要作用是什么？

4. 能增强植物抗逆性的调节剂有哪些？

5. 举例说明赤霉素在生产实践中的作用。

实训六　扦插生根实验

生产中，常常利用 ABT 生根粉对沙生灌木（如沙拐枣、多枝圣柳等）进行扦插育苗。沙生灌木，如东北木蓼、沙木蓼、新疆沙拐枣、多枝圣柳、乔木沙枣等，一般自然扦插很难成活，需要采用 ABT 生根粉等生长调节剂来促进其生根成活。

ABT 生根粉是一类植物生根促进剂，共有 5 种剂型，其中适用于林木的生根粉剂型有 ABT 1 号、2 号和 3 号。其作用机理在于通过强化、调控植物内源激素的含量和重要酶的活性，促进生物大分子的合成，诱导植物不定根或不定芽的形成，调节植物代谢作用强度，以达到提高育苗、造林成活率及作物产量、质量与抗性的目的。在一些容易生根的扦插树种上，用 ABT 生根粉处理插条，更能收到良好效果。用 ABT 生根粉处理的插条，比未处理的可提前一周左右生根，这在无霜期短的地区，能延长植物的生长期，对培育壮苗或苗木提前出圃进行秋季造林较为有利。使用 ABT 生根粉处理后，植物生根量显著增加，可增加 160%~302.4%，生根率最高达 93.8%，生长量提高 23%～55%，地径比增加 50%。

一、实训目的

通过扦插生根实验，掌握生长调节剂的使用方法。

二、实训材料和用具

1. 材料

当年生健壮无病虫害的沙生灌木枝条，ABT 1 号生根粉一包。

2. 用具

苗床准备、扦插移栽相关工具。

三、实训方法和原理

1. 采条母树的选择

选择多年生已开花结实，并在治沙造林生产中推广栽植的沙生灌木新疆沙拐枣。

2. 采条及扦插时间

在冬季选择上述树种当年生健壮无病虫害的枝条。50 株一捆沙藏，于第二年 3 月下旬进行扦插。

3.ABT 生根粉溶液配制

使用时先用酒精溶解（每克生根粉用酒精 500 g），再加水 500 g 配制成 1 000 ppm 原液，然后根据需要加水稀释使用。

4. 插条的规格及处理

取出沙藏的枝条，先用清水浸泡 3 天，然后用 ABT 1 号生根粉 100 ppm 的溶液浸泡基部 1/3 部分，浸泡 4 h 即可，并在温室内温床湿沙催根 15 天。

5. 扦插方法及插后管理

大田直接扦插，株行距 10 cm × 30 cm，深度以地上露一个芽为准。扦插后及时浇水，并保持苗床湿润，进行正常的松土管理。

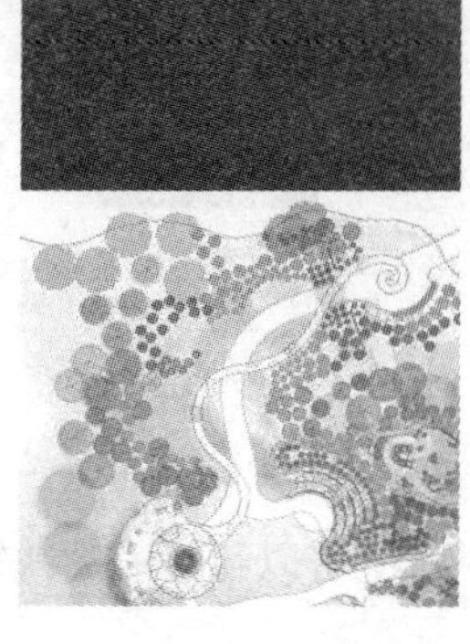

第四章
园林植物与环境因子

植物的环境是指植物生活空间的外界条件的总和。它不仅包括对植物有影响的各种自然环境条件，而且还包括其他生物对其的影响和作用。

植物与环境之间存在着极为密切的联系，植物的生长发育是遗传和外界环境条件综合作用的结果。地球上不同的自然环境，光照、热量、水分等气象因子组合不同，生长着与之相适应的生态要求不同的植物。植物在各自的原产地已经形成了各自的生态习性和栽培要求，在栽培中它们对不同的环境条件产生了多种多样的适应性，植物栽培与养护的关键就是掌握植物的生态习性，并满足它们的要求。研究光照、温度、水分等因子与植物的关系，是为了人为地创造适宜的环境条件，更好地进行植物的科学化栽培管理。本章主要研究植物与水分、温度及光照等气象因子之间的相互作用关系以及园林植物栽培与养护过程中对这些因子的调节措施。

第一节
植物与水分

教学目标

◇了解水分对植物的生态作用
◇掌握植物栽培与养护时水分的调控技术
◇能识别水生植物和陆生植物
◇熟悉植物对水分的要求与生态适应
◇了解植物对水污染的净化作用

水分是植物生长发育的一个重要因子。固态、液态、气态等不同形态的降水对植物的作用各异。植物在系统发育过程中，由于长期适应不同的水分条件，形成了水生植物和陆

生植物两大类生态类型。因此，在园林植物栽培与养护中，科学利用植物与水分之间的关系，采取一定的调控技术，比如灌溉等，可以为园林植物的生长发育创造良好的条件，同时也可以利用植物减轻水体污染。

一、水分循环

地球上的水在太阳辐射和重力作用下，以蒸发、降水和径流等方式进行的周而复始的运动过程，称为水分循环，如图 4—1 所示。水分循环包括水分大循环和水分小循环两类。

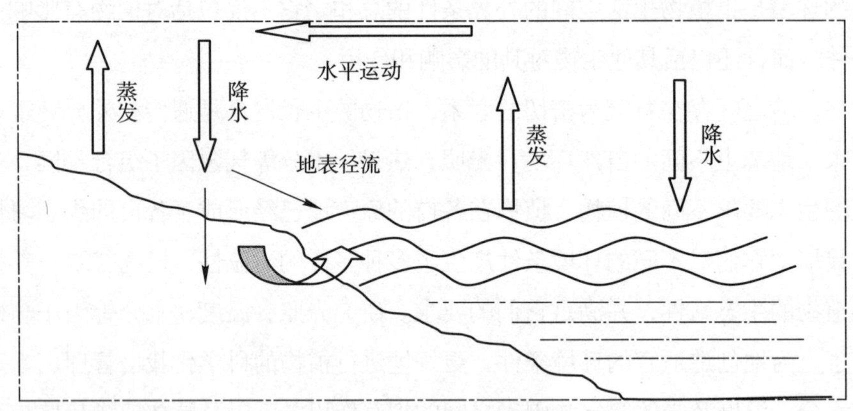

图 4—1　水分循环示意图

水分大循环，即海陆间循环。海洋蒸发的水汽，被气流带到大陆上空，凝结后以降水形式降落到地表。其中一部分渗入地下转化为地下水，一部分又被蒸发进入天空，余下的水分则沿地表流动形成江河而注入海洋。

水分小循环，即海洋或大陆上的降水同蒸发之间的垂向交换过程。其中包括海洋小循环和陆地小循环（内陆循环）两个局部水循环过程。植物从土壤中吸收利用的水分主要来源于在水循环过程中渗入土壤的降水、地下水及灌溉水。

二、不同形态降水的生态作用

水分对植物具有重要作用，水是构成植物体的重要组成成分之一，植物体的一切生命活动都是在水分的参与下进行的，水分使植物体保持固有的姿态，植物通过水分调节体温。自然条件下，水分通常以雨、雪、冰雹、雾等不同形式出现，不同形态的降水对植物的影响存在显著差异，见表 4—1。

表 4—1　　不同形态水的生态作用

种类	对植物的生态作用
露和霜	在严重干旱或降雨稀少的沙漠地区，能使植物复苏，起着维持植物生命与缓和旱情发展的作用
	有露形成时，湿度大，会助长植物病虫害的发生发展
雾凇	雾凇会折断树枝和树干，影响植物生长，危害生产
雨凇	雨凇会折断树枝和树干，影响植物生长，危害生产
雨	毛毛雨有利于植物和土壤吸收
	暴雨对植物生长产生不利作用
雪	具有保护土壤、防止冻结过深伤害树木根系及保护幼树越冬等作用
	在早春干旱地区，雪是少雨季节的主要水分来源
	雪可以增加土壤中的氮肥，雪中含的氮化物比雨水多 5 倍
	大雪可使树木发生机械损伤，如雪折、雪倒等
	春季融雪降低了土温，会缩短植物的生长期
雾	可以增加空气的相对湿度，对植物的生长有利
霰	降水量太大时，对植物造成损害
雹	雹对植物有严重的机械摧残作用

如果土壤水分过多，比如降暴雨后，植物根系生理代谢活动受阻，吸水能力降低，导致叶片发黄、植株徒长等类似干旱症状。因此，园林植物养护时要采取有效的抗洪排涝措施，即在进行园林工程规划与施工时，可以在地下预埋排水暗管、兴建抗洪堤坝及排涝提水的泵站，及时调控水分，使园林植物正常生长发育。

三、植物的需水量

植物需水量是指植物在正常生长过程中所吸收或消耗的水分。不同植物对水分的需求不同，如图 4—2 所示，植物的需水量多用蒸腾量来表示，因为植物从土壤中吸收的水分，绝大部分消耗于蒸腾作用上，用于制造碳水化合物的一般不超过 1%，但蒸腾量只能表示植物的耗水程度。不同植物对同样数量水分的有效利用程度并不一样。同样多的水分，有的植物制造的干物质较多，有的则较少，说明有的植物比较节约水，有的则消耗水分较多这取决于植物光合作用和蒸腾作用的水平。因此，常用植物每生产 1 g 干物质所需的水分来表示其需水量，称为蒸腾系数。据此，可把植物分为下列两大类。

耗水量低的植物，如云杉、花旗松、水青冈等。每生产 1 g 干物质平均消耗的水分分别为 231 g、173 g 和 169 g。

耗水量较高的植物，如松、桦、栎等。每生产 1 g 干物质平均消耗的水分分别为 300 g、317 g 和 344 g。

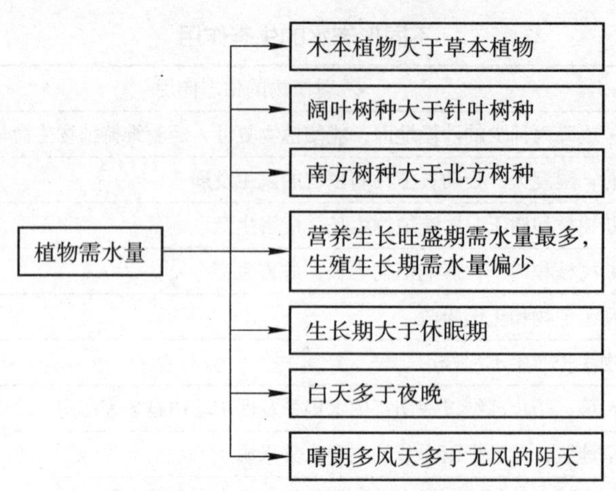

图4—2 植物需水的一般规律

同一植物在不同的生长发育时期，对水分的要求也不同。种子萌发时，需要充足的水分，以利于胚根伸出；幼苗期因根系弱小，在土壤中分布较浅，抗旱力较弱，需经常保持土壤湿润。因此，在园林植物栽培与养护中，根据植物的需水量合理调节和控制水分是植物正常生长发育的重要前提。植物栽培与养护中水分的调控主要有以下几方面：

1. 蹲苗

植物幼苗期如果水分过多，幼苗长势过旺，易形成徒长苗。生产上园林植物育苗时常适当蹲苗，以控制土壤水分，促进根系下扎，增强幼苗抗逆能力。但若蹲苗过度，控水过严，易形成“小老苗”，定植后即使其他条件正常，也很难恢复正常生长。蹲苗是从幼苗地上部分长出真叶，地下部分长出侧根开始，到幼苗的高度生长大幅度上升时为止。

2. 中耕松土

土壤蒸发是土壤水分以水汽状态向大气中扩散的现象。土壤经过降水、灌溉后水分充足，下层土壤水分在毛细管力作用下不断升向土表，使土壤表层的水分保持饱和状态。土壤蒸发主要在土表进行，由于土壤水分较多，蒸发速度较快，所以应通过中耕松土切断毛细管来阻止蒸发，以减少土壤深层水分的损失。中耕深度宜先浅后深，避免伤根过多。

3. 镇压

随着土壤蒸发，土壤表层逐渐变干。土壤表层干涸时，土壤内部蒸发的水汽通过地表干土层的孔隙进入大气，蒸发速度开始减慢。这时应采取镇压措施来保墒，减少土壤的孔隙度，限制土壤蒸发，以保持土壤含水量。

4. 灌溉

土壤干燥时，其含水量低于使植物发生萎蔫时的含水量，土壤水分的毛细管作用已经停止，只能以气态水的形式通过土壤孔隙扩散到大气中，这时的蒸发速度很低。生产中应在此阶段未达到以前进行灌溉，才能满足植物对水分的需求，否则苗木将会枯萎。对旱生植物灌溉时掌握“宁干勿湿”的原则，对中生植物掌握“干透浇透”的原则，对湿生植物掌握“多湿少水”的原则。滴灌的水分利用率最高，喷灌可以提高空气湿度并且可以洗刷掉植物叶子上的泥沙等。此外干旱季节灌溉对园林植物生长发育的作用最佳，夜晚空气相对湿度大，温度低，灌溉后，水分蒸发消耗少，水分利用率最高，而且对园林植物生长发育最为有利。在进行园林工程规划与施工时，可以安装喷灌、滴灌系统，以保证对植物的及时灌溉。

5. 覆盖土壤

凸起地形因风速大，湍流强，土壤蒸发比凹地大；山地的南坡温度高，土壤蒸发量大，其次为西坡和东坡，北坡为阴坡，故蒸发量最少；裸地蒸发大于覆盖地蒸发。因此，盖草、搭棚等覆盖土壤措施均可减少土壤水分的蒸发。

6. 应用土壤保湿剂和有机水

土壤保湿剂简称“TAB”制剂，能吸收超过本身重 300~1 000 倍的水分，可供植物吸收。有机水是将有机吸附剂和水制成固体水，其中 97% 是水，放在树木根系周围，可较长时间供给树木水分，这对园林树木栽植后提高成活率具有很大意义。

四、植物对水分的生态类型

植物在进化过程中，由于长期适应不同的水分条件，形成了许多受水分制约的生态类型。按照植物需水的多少和对水分的依赖程度，可以把植物分为水生植物和陆生植物两大类。水生植物是植物体全部或部分适宜生长在水中的植物。按植物体沉没在水下的多少，又可分为沉水植物、浮水植物和挺水植物三类。陆生植物是在陆地上生长的植物，根据其对土壤水分的要求，可以分为湿生植物、中生植物、旱生植物三类，见表 4—2。

表 4—2 植物对水分的生态类型

水生植物			
生态类型	沉水植物	浮水植物	挺水植物
对水分的适应特征	植物体全部沉没在水中 根退化或完全消失 体内有完整的通气组织 叶片薄，多呈带状或丝状	茎、叶片漂浮在水面上，根固着或自由漂浮的植物 沉水部分通气组织发达	茎叶大部分挺生在水面上，根着生于水下 根通气组织发达 茎叶角质层厚
生境特点	水很深，流动，弱光，缺氧，温度变化平缓	水较深，流动，根系缺氧，温度变化平缓	水浅，根系缺氧
实例	金鱼藻、黑藻等	菱、荇菜、凤眼莲、浮萍、睡莲等	芦苇、香蒲等

续表

	陆生植物		
生态类型	湿生植物	中生植物	旱生植物
对水分的适应特征	叶片大而薄，海绵组织发达 角质层薄或无，气孔多而敞开 根系浅，根系不发达 根部有通气组织 部分植物着生板状根或气生根	叶面有角质层，栅栏组织整齐 根系和输导组织较发达 无完整的通气组织	根系和输导组织发达 叶较不发达，甚至退化 叶面有发达角质层、蜡质层或茸毛 气孔下陷或气孔数目减少 部分植物具有发达的储水组织
生境特点	沼泽环境，根系缺氧	旱生环境，土壤通气良好	干旱或沙漠环境
实例	大海芋、观音座莲、秋海棠、灯心草、半边莲、赤杨、沼泽桦、池杉、枫杨、垂柳、水松、落羽松、热带兰、凤梨、蕨类等	多数植物属于此类，如红松、落叶松、云杉、冷杉、核桃、板栗、枫香、梧桐、椴、槭、山杨、千金榆等	马尾松、油松、樟子松、黄檀、侧柏、栓皮栎、山杏、木麻黄、仙人掌类等

由于植物对水分的生态类型不同，生产中可以通过合理配置园林植物和设施栽培使植物与环境中的水分条件相适应。在植物配置时必须针对园林植物对水分的不同生态类型，根据园林地形特点、气候特点、地下水位的高度进行合理配置，以满足不同植物对水分的要求，为植物正常生长发育创造条件。

对于季节性用于点缀装饰园林的观花、观叶、观果的盆栽植物，可以通过设施栽培满足植物对水分的需求。即利用一定的园艺设施，如玻璃温室、塑料大棚、遮阴棚等进行水分的调节。一般对水分和温度要求高的植物，可以通过提高设施内的空气湿度和温度，来提高水分的利用率。对温度要求高对水分要求低的植物，可以通过提高设施内的温度，降低空气湿度和土壤水分含量，抵挡降水，来提高水分的利用率。对水分要求高对温度要求低的植物，可以通过遮阴棚等设施降低温度，用喷灌或在空气中喷雾等方法来提高空气相对湿度，以满足植物对水分的需求。

五、植物对水污染的净化作用

水污染是一个世界性的生态问题。水污染是由于大量生活污水和工业废水的输入造成的。水生植物通过一定的作用机理、净化方式，在水污染净化中可以发挥重要生态作用，如图 4—3 所示，常用的净化水体的水生植物有凤眼莲、芦苇、水花生、香蒲、水葱和大薸等，可以将这些植物种植在污染水域中，通过生物防治降低水污染的程度。

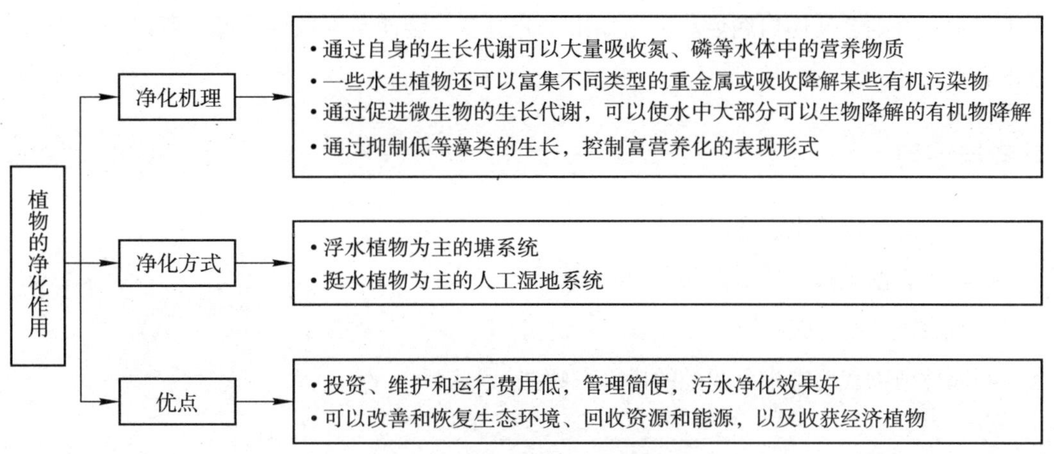

图 4—3　植物对水污染的净化作用

知识拓展

苗木灌溉技术

在园林植物栽培与养护中，合理灌溉是植物正常生长发育的重要前提。不同栽培方式的苗木灌溉技术有一定的差异。

一、播种苗的灌溉

播种苗播种后要尽量避免表土干燥，特别是北方地区，一些小粒种子播种后覆土较浅，易受春旱的危害。通过合理灌溉可使苗床保持湿润，防止小苗失水。一般灌溉次数要多，灌溉量要少。

二、扦插、压条、埋条苗的灌溉

扦插、压条、埋条苗生根、发芽一般都需要大量的水分，特别是刚开始展叶而尚未完全生根（即假活期）阶段，叶面蒸腾量较大，土壤水分供应量小或缺水易造成苗木死亡，及时灌水非常重要。灌溉量可适当大些，但水流要细、缓，以免水流冲力移动苗木。

三、分株苗、移植苗灌溉

分株苗、移植苗在栽植时根系受伤，苗木内部的水分供应不平衡，必须加强灌溉。在分株和移植后要连续灌水 3～4 次，灌水量要大些，间隔时间不能太长。

四、嫁接苗、大苗灌溉

嫁接苗对水分的需求不是太大，只要保证砧木的正常生命活动即可。灌水时伤口部位

不能积水，否则会使伤口腐烂。大苗如果水分过多，会使苗木抗性降低，所以干旱季节才需要灌水。

思考与练习

1. 水分对植物的生态作用是什么？
2. 旱生、湿生和中生植物各有何特点？
3. 水生植物有什么特点？
4. 园林植物栽培中水分调控的措施有哪些？

第二节
植物与温度

教学目标

◇掌握植物栽培时常用的温度指标
◇熟悉温度与植物生理活动及生长发育的关系
◇了解温度对植物分布的影响
◇能识别耐寒植物、喜温植物和中庸植物

植物的生长发育必须在一定的温度条件下才能进行。不同植物对温度的适应能力差别很大，形成了耐寒植物、喜温植物和中庸植物三种类型。为了满足园林植物对温度的要求，有利于园林植物生长发育，科学进行植物露地与温室栽培，避免植物遭受高温和低温的危害，可以采取有效的环境温度调控措施。

一、植物栽培时常用的温度指标

表示物体冷热程度的物理量，称为温度。气象上常用的温度单位是摄氏温标（℃）。

1. 生物学温度

植物的各种生命活动过程，如光合作用、呼吸作用、蒸腾作用以及它们的生长发育和地理分布等，均与土壤温度和气温密切相关。一般把对植物生长发育和各种生理生化作用有重要影响的温度称为生物学温度。通常用三个基本指标来表示，即生物学最低温度、生物学最适温度和生物学最高温度。生物学温度是最基本的温度指标，广泛用于确定园林植物种植与分布区域、安排生产季节等方面。

生物学最适温度是植物生长发育和生理活动得以正常进行的温度范围。在最适温度范围内，植物生长发育迅速而良好。但这种温度对植物健壮生长并不是最适的，因为生长最快时，物质消耗也快，如果水分供应不上，植株就会比较瘦弱。因此，生产上常常要求比最适温度低的温度，这个温度称为协调最适温度。花卉的协调最适温度一般为 18～28℃。生物学最高温度是指植物生理活动所能忍受的上限温度，最低温度是植物生理活动开始时的下限温度。当环境温度达到最低温度（或最高温度）时，植物停止生长发育，但仍维持生命。如果温度继续降低（或升高），就会发生不同程度的低温或高温危害直至死亡。花卉的最低温度为 10～15℃，最高温度为 28～35℃。某一种温度对于植物的作用，不仅取决于它的热能强度，还取决于其作用时间的长短，同时因植物的发育阶段及生长状况的不同也有所不同。

地球表面不同的区域温度不同，每种植物一般只能在适应的温度范围内生长，因此，高温和低温都会限制植物的分布。

高温限制植物分布的原因主要是破坏植物体内的代谢过程和光合呼吸平衡，其次是植物因得不到必要的低温刺激而不能完成发育阶段。例如，由于高温的限制，白桦、云杉在自然条件下不能在华北平原生长；苹果、梨、桃等不能在热带地区栽培。

低温对植物分布的限制作用更为明显，主要表现为代谢失调、组织结冰，导致机械组织损伤。对植物来说，决定其水平分布北界和垂直分布上限的主要因素就是低温。例如，在长江流域和福建等地，黄山松因高温限制，只能分布在海拔 1 000～1 200 m 以上，在此高度以下，黄山松则由马尾松代替。可见，海拔 1 000～1 200 m 是黄山松的高温界限，是马尾松的低温界限。而杉木和马尾松的北界分别是秦岭和淮河，樟树的北界是长江北岸。

2. 平均温度

平均温度包括日平均、旬平均、月平均和年平均温度，用来说明一个地方温度的平均状况。平均温度与植物的生长发育有一定关系，但有时并不能完全说明问题。例如，有时从日平均温度或年平均温度来看，对于植物的生长是适宜的，但最高温度和最低温度却会对植物产生不利的影响。又如，从植物要求的温度范围来看，尽管平均温度偏低些，但在白天和生长季温度较高，仍能满足植物生长的要求。

3. 界限温度

界限温度对植物生长发育也具有重要意义。界限温度具有一定的概括性，一般取日平均温度 0℃、5℃、10℃、15℃、20℃。这些温度的起止日期和持续天数对园林栽培植物的布局、栽培方法有重要意义，如图 4—4 所示。

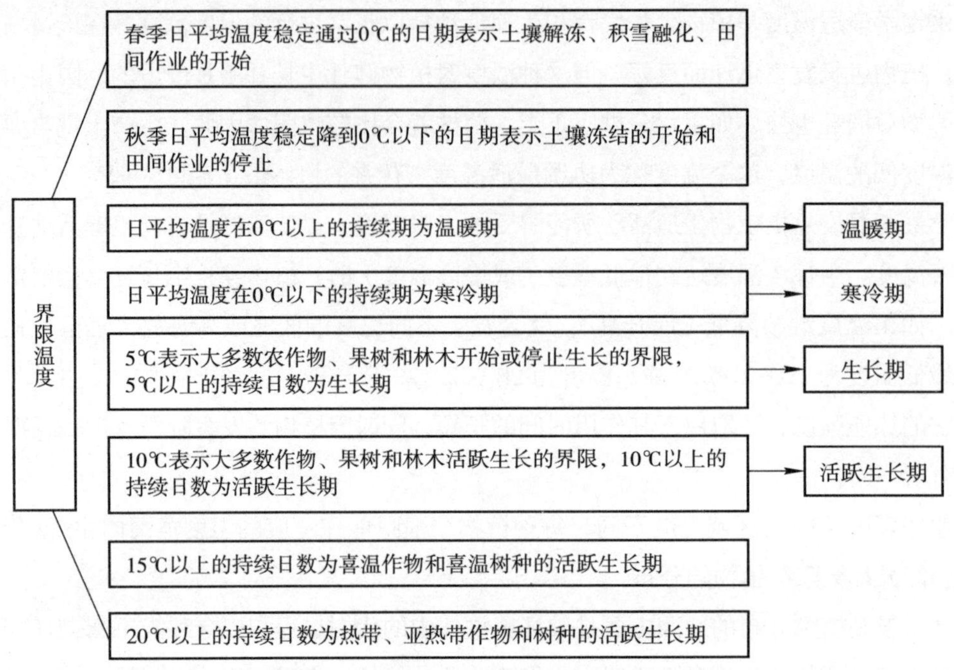

图 4—4 界限温度

4. 积温

植物在生长发育过程中必须从环境中摄取一定的热量才能完成某一阶段的发育，而且植物的各个发育阶段需要的总热量是一个常数。不同植物对温度的要求不同，积温常用来表示植物对热量的要求。积温在生产中有着广泛的用途，例如，积温可为生产中引种、植物物候期、病虫害发生期的预报以及安排生产经营活动等工作提供一定的科学依据。积温可分为活动积温和有效积温两种。

（1）活动积温 活动积温是植物某一生长发育期或整个生长发育期内等于或高于生物学最低温度的全部温度总和，或可表示为某一段时期内的平均温度与该时期天数的乘积。计算公式为：

$$A=T\times Y$$

式中 A——活动积温，℃；

Y——完成某生长周期或发育阶段经历的天数，d；

T——该时期内的日平均温度，℃。

（2）有效积温 有效积温是植物某一生长发育期或整个生长发育期内超出生物学最低温度的温度值总和，也可表示为某一段时期内的平均温度减去生物学最低温度，其值与该时期天数的乘积。计算公式为：

$$K=(T-T_0)\times Y$$

式中 K——有效积温，℃；

T_0——生物学最低温度，℃；

T——该时期内的日平均温度，℃；

Y——完成某生长周期或发育阶段经历的天数，d。

二、温度与园林植物

1. 温度与植物的生理活动

温度对植物的光合作用、呼吸作用和蒸腾作用都有影响，植物的各种生理活动都要求一定的温度范围，即“三基点”——最低温度、最适温度、最高温度。在最适温度范围内植物的生理活动旺盛，随着温度的升高或降低，植物的生理活动减弱；如果超出了植物能承受的最低温度或最高温度，植物的各种生理活动就停止了，甚至出现伤害或死亡。不同树种、不同生理过程和不同的环境条件对于温度三基点的要求是不同的。

（1）呼吸作用　植物呼吸作用是由一系列酶促生化反应组成，对温度的变化十分敏感。温度对呼吸作用的影响主要是影响酶的活性，表现为“三基点”温度，即呼吸的最低、最适和最高温度。与光合作用相比，呼吸作用的最低温度要低得多，只要有生命继续，就会有呼吸进行。大多数热带植物呼吸作用的最低温度为 0℃左右；大多数温带植物呼吸作用的最低温度为 -10℃或更低；耐寒植物的越冬部分如落叶树的更新芽、针叶树的针叶可低到 -20～-25℃。呼吸作用最适温度为 25～35℃，最高温度为 45～55℃，超过最高温度时呼吸停止。

（2）光合作用　温度是通过影响暗反应中的酶来影响光合作用的，而光反应则几乎与温度无关，同时温度还通过孔开度影响光合作用。温度过高或过低都会降低植物的光合作用，表现出光合作用也具有“三基点”温度，但不同植物光合作用的最低、最适和最高温度有很大差异。

（3）蒸腾作用　植物蒸腾作用也受气温高低的影响，温度的高低可以改变蒸气压而影响蒸腾作用，同时气温的变化会影响叶面温度和气孔开关，从而影响角质层和气孔蒸腾的比率，温度越高，角质层蒸腾的比率越大。当植物蒸腾作用过大，而植物吸水没有相应提高时，则植物萎蔫甚至枯死。

2. 温度与植物生长发育

植物的生长要求一定的温度范围，不同地带生长的植物对温度的要求是不同的。不同植物在整个生长期内，要求不同的积温。一般陆生维管束植物维持生命的温度范围从 -5～55℃，但在 5～40℃间才能正常生长和具有繁殖能力。

3. 非节律性变温与植物生长发育

非节律性变温包括温度的骤然升高和骤然降低，即通常所说的极端高温和极端低温危害。非节律性变温会使植物生长受阻或死亡。

（1）低温危害

1）冻害。冰点以下低温对植物的危害。冻害可导致组织结冰，从而使细胞失水、细胞膜变性或破裂，引起植物死亡。冻害中最常见的是霜冻，特别是早霜和晚霜。

2）寒害（冷害）。冰点以上低温对植物的危害。寒害主要是由于温度太低引起植物正常的生理活动失调，从而使植物受害。寒害是喜温植物北移的主要障碍，起源于热带的喜温植物，如香石竹、天竺葵类等在10℃以下温度时，就会受到寒害。

3）生理干旱。当土壤结冰时，树木根系处于"休眠"中，这时如果地上部分进行蒸腾，不断失水而根系又无水分补充，时间长了就会引起枝条干枯死亡，这一现象称为生理干旱。生理干旱多发生在春天，如东北的山杨、胡桃楸、椴、柞等受害严重；南方的檫树受害也很普遍。

4）树干冻裂。南面或西南面的树干白天接受的光照多，吸收的热量多，树干温度高，而夜间气温速降，树干外冷内热，使树干纵向开裂，这种现象称为树干冻裂。一般幼树多发生，老树少发生；阔叶树多发生，针叶树少发生。

5）冻举（冻拔）。土壤冻结时因体积膨胀把苗木连同土壤抬起，解冻时土壤下陷，使苗木根系暴露在地面而死亡，类似被人拔出的状态，因此称为冻拔或冻举。土壤含水量高，土壤黏重的土地条件下，幼苗最容易受害。

（2）高温危害

1）萎蔫。当植物所处的环境温度超过其正常生长发育所需温度的上限时，引起蒸腾作用加强，水分平衡失调，发生萎蔫或永久萎蔫。

2）日灼（皮伤）。强烈的太阳辐射导致温度增高而引起枝干形成层和韧皮组织局部坏死的现象。受害树木的树皮呈现斑点状的死亡或片状剥落，给病菌的侵入创造了条件。日灼多发生在树皮光滑树种的成年树上，如云杉、毛白杨、桃树、银杏等。

3）根颈倒伏（根颈灼伤）。土壤表面温度增高，灼伤幼苗根颈部的形成层和输导组织，呈环状坏死而倒伏的现象。少雨缺水地区的苗木常遭受根颈倒伏而枯死。

4. 温度与植物分布

温度不仅影响着植物的生理活动和生长发育，而且还制约着植物的分布。每种植物一般只能在适应的温度范围内生长，同时，也需要有一定的热量累积（积温）才能完成其正常的生活周期。因此，高温和低温以及生长期内积温的多少都会限制植物的分布。

此外，不同树种在整个生长发育过程中要求不同的积温。在自然条件下，一般对积温要求高的树种，只能分布在较低的纬度，对积温要求低的树种则分布在较高的纬度，因而形成了树种的不同地理分布。寒温带树种（≥10℃）的积温在 1 600℃以下，温带树种的积温为 1 600～3 400℃，暖温带树种的积温为 3 100～4 800℃，亚热带树种的积温为 3 500～8 000℃，热带树种的积温为 10 000℃。

5. 植物对温度的适应

（1）植物对温周期变化的适应　自然界中温度呈现有规律的昼夜变温和季节变温，植物的温周期现象是植物对温度昼夜和季节变化节律的反应。植物在生长和发育过程中对温度周期性变化的适应表现为生长的不均匀和阶段性。一般在温度有利的季节植物充分生长、发育，在温度不利的季节则放慢或停止生长，而且植物正常生长发育要有一定的昼夜温差，通常具有较高的日温和较低的夜温条件下，白天适当高温有利于光合作用进行，夜间适当低温使呼吸作用减弱，净积累增多，有利于生长。

（2）植物对低温和高温的适应　植物对低温和高温的适应主要表现在形态和生理两方面，如图 4—5、图 4—6 所示。植物在不同的生长发育阶段会形成不同的外部形态构造，同时也会发生一些生理变化来避免或减轻可能受到的伤害。

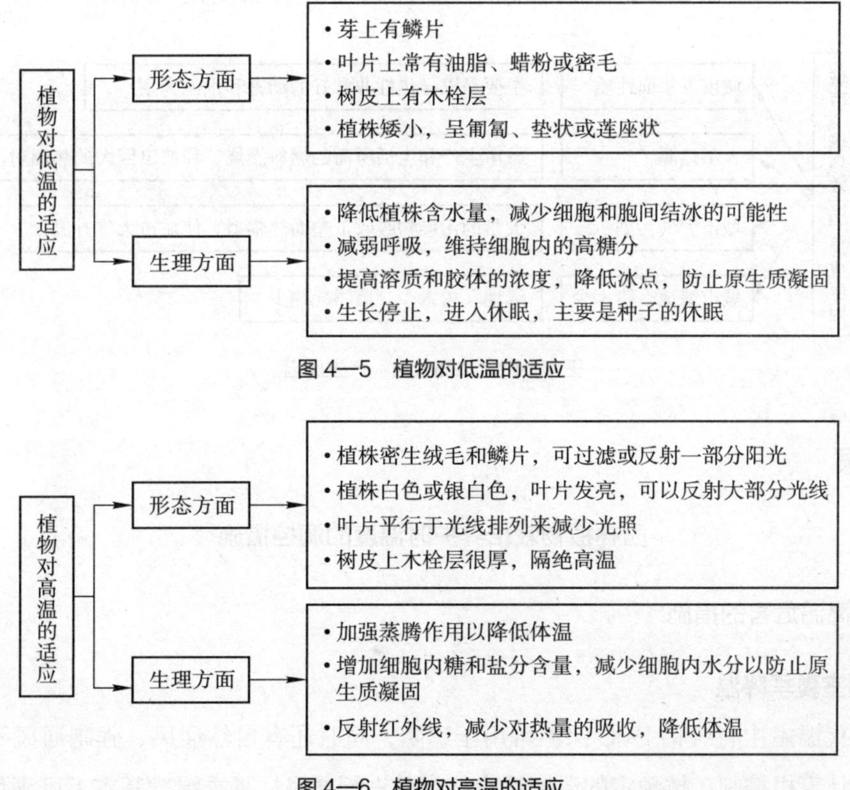

图 4—5　植物对低温的适应

图 4—6　植物对高温的适应

（3）植物对温度的生态适应类型　植物对温度的生态适应是植物在系统发育过程中对

温度条件长期适应的结果。按植物对温度的生态适应，可把植物分成三类。

1）耐寒植物。有较强的耐寒性，如金鱼草、蛇目菊、三色堇、落叶松、红松、樟子松、白桦、山杨、云杉、冷杉、黑桦等，在我国除高寒地区以外的地带可以露地越冬。

2）喜温植物。要求生长季有较多的热量，耐寒性差，如热带睡莲、筒凤梨、一品红、仙客来、变叶木、椰子、橡胶、榕树、柑橘、樟树、杉木等多种热带、南亚热带起源的树种。

3）中庸植物。对热量的要求介于耐寒植物和喜温植物之间，可以在较大的温度范围内生长，如白兰花、茉莉花、米兰、扶桑、秋海棠、松树、桑树、椴树、杨树、柳树、胡桃楸、鹅耳枥、栎类、刺槐等。

6. 园林植物对城市气温的调节

城市的年均温度比郊区高，这种现象被称为城市“热岛效应”。城市“热岛效应”普遍而明显，如图 4—7 所示。园林植物可以吸收、反射太阳辐射，使到达地面的太阳辐射减少，从而降低地面温度。同时，园林植物可通过蒸腾作用，不断地从环境中吸收热量，降低环境温度，还可通过光合作用，吸收空气中的二氧化碳，削弱温室效应。此外，园林植物能够吸附空气中的粉尘，降低环境大气含尘量，进一步抑制大气升温。

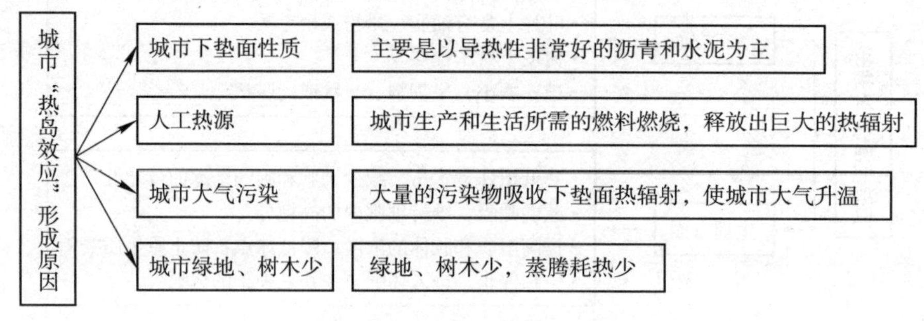

图 4—7 “热岛效应”产生原因

知识拓展

园林植物栽培养护时温度的调控措施

一、防止高温危害的措施

1. 温室夏季降温

在现代温室中有缀铝 PVC 保温幕用于遮阴，同时还有自然通风、强制通风等多种方式，均由计算机控制，按预定的温度设定值自动进行通风。夏季温度基本上可满足栽培植物的要求，无明显热害产生。夏季晴天开启遮阳网，使室内光强降低，一般可降低温室内温度 2～3℃。但酷暑季节室外气温高达 36～37℃时，温室内开启天窗或侧窗，温度仍居高不下，这时加上强制机械通风，温度可降至与室外接近或相同水平。

2. 花期调整

有的植物因夏季高温而休眠，利用温度进行调控可以促进或打破休眠，合理调整花期，使花卉提前或推迟开花。

3. 地面覆盖

在植物栽培和苗圃育苗工作中，为了提高地温，常用草木灰、干草、油纸、玻璃及各种塑料薄膜等进行覆盖。为了降低地温可以搭凉棚遮阴。

4. 灌溉

灌溉是生产上调节温度的有效方法之一。在炎热季节灌溉可以防止温度过高，保护植物；寒冷季节，灌溉可以防止霜冻。

二、防止低温危害的措施

1. 温室栽培

原产热带、亚热带及暖温带的园艺植物要在我国北方顺利越冬，需在温室进行栽培；花卉在冬季利用温室栽培可以提前开花并延长花期，也可在温室内进行春种花卉的提前播种育苗。在北方，冬季多采用加温方式防止低温危害，加温时既要考虑栽培植物夜间生长的最适温度，又要考虑当地冬季室外气温水平及其变化范围，综合考虑当地温度条件，选择热水、电能、燃气或燃油、燃煤、热风炉等不同的加热方式进行加温。

2. 抗寒锻炼

利用自然低温或人工方法进行抗寒锻炼可有效提高植物的抗寒性，防止低温危害植物。如生产上将喜温园艺植物刚萌动露白的种子置于稍高于 0℃的低温下处理，可大大提高其抗寒性。香石竹、仙客来等育苗定植前，逐渐降低苗床温度，使其适应定植后的环境，即育苗期间加强抗寒锻炼，提高幼苗抗寒性，促进定植后缓苗，是生产上常用的方法，也是最经济有效的技术措施。秋季以后减少灌水，有利于苗木枝梢木质化，提高其抗寒能力。

3. 低温贮藏

种子低温贮藏可以不萌发和保持活力，又可以提高播种后的发芽率；苗木低温贮藏可以使其不萌动并保持活力，掌握出圃栽植时间。苗木贮藏一般要求温度 0～3℃，空气湿度 80%～90%，要有通气设备。一般在冷库、冷藏室、冰窖、地下室贮藏。在条件好的场所，苗木可贮藏 6 个月左右，为苗木的长期供应创造了条件。接穗低温贮藏可以保持接穗活力，确保嫁接成功。

4. 花期调整

对因低温休眠的植物利用温度进行调控，可以促进或打破休眠，合理调整花期，使花卉提前或推迟开花。

5. 防寒越冬

用石灰水加盐或石硫合剂对树干进行涂白，可以防止树干冻裂；用稻草或草绳包裹树干可防止树干被冻。

6. 地面覆盖

在植物栽培和苗圃育苗工作中，为提高地温，常用草木灰、干草、油纸、玻璃及各种熟料薄膜对植物进行覆盖。在霜冻到来之前，用干稻草、落叶、草席、蒲帘等物将幼苗完全覆盖，次年春季撤除。

7. 灌溉

寒冷季节需灌水防冻。在入冬前灌水，让苗木吸足水，可有效防止生理干旱引起的寒害。封冻前灌一次透水可以防止根颈、根系受冻。在气温下降时或在冻害发生前灌水，可利用水比热容大的特点，防止土壤温度下降，使土温提高 2℃以上。

8. 根部培土

土壤封冻前，在苗木根部用黄土或菌根土培土 5~10 cm 厚，可提高苗木根系周围的地温，有效降低苗木冻害程度。春季解冻后，再将土移走。但此法不适用于苗小易折和易腐烂的树种。

9. 设防寒障

对雪松、玉兰、龙柏等规格较大而又怕寒风的苗木，可在苗木的西北方向设立风障，减轻冻害程度。

思考与练习

1. 温度对植物具有什么生态作用？
2. 植物对温度的适应表现在哪些方面？
3. 极限高温和极限低温会对植物造成哪些类型的危害？
4. 城市为什么会出现“热岛效应”？为什么说园林植物具有调节城市气温的重要作用？

实训七　极端温度对植物的影响

一、实训目的

通过实验了解极端高温和极端低温对植物的影响，从而了解温度对园林植物生产存在的限制作用，以及对极端温度的预防措施。

二、实训材料和用具

1. 材料

灰莉成熟健康叶片，分为三份，一份经 -20℃处理，一份放在 0～4℃的冰箱内处理，一份是新鲜采摘的叶片。

2. 用具

天平秤、剪刀、恒温水浴锅、冰箱、电导仪、培养皿、烧杯、玻璃棒、量筒等。

三、实训方法和原理

1. 实训原理

植物对温度伤害反应因物种不同而有差别。植物耐高、低温的测定最好使用整株植物，但实际中不易进行。朗格的研究认为，多数情况下，测定植物离体部分的温度抗性，与对整株植物测定没有很大差异。

正常情况下，细胞膜对物质有选择透过性。当植物受逆境影响时，细胞膜破坏，透性增大，电解质外渗，导致植物细胞渗出液的电导率增大。比较不同植物在相同胁迫温度下膜透性的增大程度，即可比较植物间的抗逆性强弱。因此，电导法已成为鉴定植物抗性的方法之一。

2. 实训方法步骤

通过测定细胞渗出液的电导率来了解植物受伤害的程度。伤害程度可用公式 $I=C-C_0/C_d-C_0$，其中 C 为样品的伤害电导率，C_0 为完好时的电导率，C_d 为完全伤害时的电导率。I 值越大，表明伤害程度越严重。

（1）植物耐热性测定

1）取灰莉新鲜叶片，切成 1 cm × 1 cm 小片若干。

2）称取两份已剪好的灰莉小叶片 2 g，分别置于烧杯中，加水至 20 mL。

3）用玻璃棒分别搅拌，将其中一个烧杯置于 40℃的恒温水浴锅中 30 min，另一个放置室温中作对照。

4）30 min 后取出恒温水浴锅中的烧杯，观察叶片样品受伤害情况，并与对照烧杯进行比较，待冷却至室温后，分别测出电导率值 C_0 和 C。

5）将放置室温中作对比的材料置于 100℃的恒温水浴锅中 10 min，取出冷却到室温，测定电导率，并根据公式计算出伤害程度。

（2）低温伤害的观测

1）分别取灰莉新鲜叶片、-20℃处理的叶片及 0～4℃处理的叶片，切成 1 cm×1 cm 小片若干。

2）称取一份剪好的小叶 2 g，分别置于烧杯中，加水至 20 mL。

3）将三个烧杯同等程度摇匀或搅拌 15 min，分别测定电导率。

4）将室温对比材料置于 100℃的沸水中煮 10 min，待完全杀死样品后，再测电导率，分别根据公式计算出伤害程度。

第三节
植物与光

教学目标

◇识别植物对光的生态类型，掌握其主要特征

◇掌握光照强度对植物的影响

◇了解光谱成分对植物的影响

◇了解日照时间对植物的影响

◇能利用光照进行花期控制

光的三种主要特性—光照强度、光谱成分和光照时间（日照长度）影响植物的光合作用、形态构建、生态学特性及其生长发育。在园林植物栽培与养护中，应采用多种技术进行光的调控，以满足园林植物生产与观赏的需要。

一、光照强度与植物

1. 光照强度与植物的生长

光照强度直接影响植物的光合作用强度。在其他生态因子都适宜的条件下，同一叶片在同一时间内，光合作用吸收的二氧化碳和光呼吸过程中放出的二氧化碳等量时的光照强度称为光补偿点。植物在低于光补偿点的环境中生活时，消耗大于积累，将无法生长。光照强度高于光补偿点时，植物光合强度随着光照强度的增加而增加，并不断积累有机物质，植物生长也随之加快。随着光照强度的继续增加，达到一定的限度后，光合作用的强度不再随光照强度的增强而增大，这时的光照强度称为光饱和点。光照强度过大时，会破坏植物的原生质和叶绿素，或引起高温使植物蒸腾耗水过多而关闭气孔，光合作用因此而

减弱甚至停止。

不同植物的光补偿点和光饱和点不同，一般耐阴植物的光补偿点和光饱和点均低于喜光植物。同一种植物的不同个体、同一个体的不同发育阶段光补偿点和光饱和点也会有很大差异。因此，植物栽培与养护中一定要给植物创造光照强度适宜的环境条件。

2. 光照强度与植物的形态构建和生长发育

强光促进植物组织、器官的分化，对枝叶和根的生长有促进作用。比如，光照充足的树木，树干粗壮，枝繁叶茂；光照不足的树木，干高、纤细，枝叶稀疏。充足的光照对植物花芽形成、植物的开花结实十分有利，因为充足的光照，有利于营养物质的积累，促进花芽形成。通常植物被遮光后，花芽数量会减少，已经形成的花芽也会由于养分供应不足而发育不良或死亡，导致植物开花较少或不开花。受光充足的植物发育良好，开花结实也早。

光照强度影响树冠的形态，喜光树种有明显的向光性，一般形成稀疏、透光和叶层较薄的树冠，若光照强度不均匀（如林缘），枝叶向强光方向生长茂盛，向弱光方向生长较弱，形成明显的偏冠，有时甚至导致树干偏斜扭曲。松树和许多阔叶树种有明显的向光性，云杉和冷杉等耐阴树种向光性较弱。

叶片受光照强度的影响很大，强光下发育的阳生叶和弱光下发育的阴生叶，在形态结构和生理特性上存在显著差异，见表 4—3。而且在强日照下，植物的叶片温度可以高出气温 10℃，有时会高出 15～20℃，肥厚的植物器官如肉质叶、肉质茎、树干等，温度甚至会高出气温 20℃以上，直接影响植物的体温。因此，强光会使植物受到热害，甚至死亡。

表 4—3　　阳生叶与阴生叶比较表

比较点	阳生叶	阴生叶
叶片形状	小而厚	大而薄
角质层	较厚	较薄
叶肉组织分化	栅状组织较厚或多层	海绵组织丰富
叶脉	较密	较稀
叶绿素	较少	较多
气孔	较密	较稀
生理特性	蒸腾作用、呼吸作用强烈，光补偿点与饱和点较高	蒸腾作用、呼吸作用较弱，光补偿点与饱和点较低

3. 植物对光照强度的生态适应

植物长期生长在一定的光照条件下，其形态构建和生理特性上表现出一定的适应性，从而形成了与光照条件相适应的生态类型。根据植物对光照强度的适应程度，可把植物分

成阳性植物、耐阴植物和中性植物三类。

（1）**阳性植物** 在强光环境中能正常生长发育，在遮阴或弱光条件下生长发育不良的植物。如落叶松、马尾松、樟子松、白桦、栓皮栎、相思树、刺槐、臭椿及柳属、桉属、杨属等树种；多数露地一、二年生花卉及宿根花卉；仙人掌科、景天科和番杏科等多浆植物均属此类。

（2）**耐阴植物** 在弱光条件下能正常生长发育，或在弱光条件下比在强光条件下生长良好的植物。如铁杉、云杉、冷杉、杜英、甜储、白楠、竹柏、福建柏、红豆杉等树种，以及蕨类、兰科、凤梨科、姜科、天南星科和秋海棠等植物。

（3）**中性植物** 对光的要求介于喜光和耐阴植物之间。如红松、椴树、水曲柳、杉木、毛竹、侧柏、香樟、榕树、扶桑、天竺葵等。

在植物育苗过程中，调节光照强度，可提高苗木的产量和质量。在高温、干旱地区，应对苗木适当遮阳，但在气候温暖、雨量多的地区，对一些植物，特别是喜光植物进行全光育苗更能促进其生长。在有条件的地方，通过人工延长光照时间，促进苗木生长，可取得明显的效果。

二、光谱成分与植物

1. 光谱成分对种子发芽的影响

光谱成分指光质。所谓光质不同，就是指光线所含的光谱成分不同。一般种子萌发阶段可在无光条件下进行，但有一部分树种的种子，特别是一些贮藏养分较少的小粒种子，需要在有光照的条件下发芽，红、黄光对其具有促进作用，如黑松、落叶松、冷杉和桦木等树种的种子，就是典型的需光发芽种子。有些植物的种子，光能推迟或抑制其发芽，如一些百合科植物等。

在育苗过程中，可根据植物对光的特性，利用光照来促进某些植物种子发芽，提高园林苗木的产量和质量，比如架设荫棚和用有色塑料薄膜育苗等。

2. 光谱成分对植物生长的影响

不同波长的光对植物有不同的作用。红外线具有显著的热效应，既能促进植物的伸长生长，又能供给植物热量，促进体内水分循环和蒸腾作用。红外线中，波长大于 1 μm 的辐射被植物吸收转化为热能；0.72～1 μm 的辐射只对植物的伸长起作用；0.7～0.8 μm 的辐射对种子形成有重要作用，并控制开花和果实颜色。能够穿过大气层到达地球表面的紫外线虽然很少，但其对植物的形状、颜色等起着重要作用。紫外线能抑制植物徒长，促进花青素的形成，还能杀死病菌，提高种子的萌发能力。紫外线中，0.315～0.4 μm 的辐射能使植物变矮、叶子变小变厚、叶绿素增加，有利于花青素形成，使得植物颜色艳丽；

0.28～0.315 μm 的辐射对大多数植物有害；小于 0.28 μm 的辐射可立即杀死植物。园林植物种子在播种前适当晒种或用紫外灯照射，可提高发芽率，减少烂种及病害。

植物的光合作用不能利用太阳辐射光谱中所有波长的光，只能利用可见光区（0.4～0.76 μm）。可见光中红、橙光是被叶绿素吸收最多的成分，其次是蓝、紫光，而绿光很少被吸收，被称为“生理无效辐射”。红、橙光对叶绿素形成有促进作用，蓝、紫光有利于花青素的形成。红光有利于碳水化合物的合成，而蓝光促进蛋白质与非碳水化合物的形成。

三、光照时间（日照长度）与植物

地球的公转与自转，带来了地球上日照长度的周期性变化，长期生活在这种昼夜变化环境中的植物，形成了对白天和黑夜相对长度的反应，这就是植物的光周期现象。植物的光周期主要表现为诱导花芽的形成和开始休眠。植物开花受白天与黑夜、光照与黑暗的交替及时间长短影响。对于长日植物，日照长度越长，开花越早，否则便只能进行营养生长。短日植物在一定范围内接受黑暗时间越长，开花越早，在长日照下只能进行营养生长而不开花。对于中性植物，经过一段时间的营养生长后，只要其他条件（如温度、湿度等）适宜就能开花，日照长短对其开花结果无明显影响。此外，长日照可以打破休眠，使植物持续不断地生长，短日照可以使植物进入休眠而生长缓慢。

光照时间对植物的地理分布也有较大影响。短日植物大多数原产地是日照时间短的热带、亚热带；长日植物大多数原产于温带和寒带。如果把长日植物栽培在热带，由于光照不足，就不会开花。同样，短日植物栽培在温带和寒带也会因光照时间过长而不开花。这对植物的引种、育种工作有极为重要的意义。

在植物布局时，应充分考虑不同园林植物光周期特点和对光的生态类型。一般优先选择当地或同一纬度带的自然植物群落中的优势植物种，同时引种不同纬度带的观花、观果类植物，以形成宜人的园林景观。因为平时不可能对园林植物进行经常性的补光及遮光处理，一方面管理麻烦，成本高，另一方面还会影响景观，所以可以利用植物对光的生态类型，在时间上和空间上进行合理配置，一般阳性高大的植物与耐阴低矮的植物、常绿植物与落叶植物间进行混交，实现阴阳树种搭配，高矮错落，层次丰富，相互填补空隙。阳性植物应种植在向阳处，耐阴植物应种植在背阴处。长日植物种植在光源（如路灯）等附近，短日植物则应远离光源。这样既可形成优美的景观，又方便日后管理。根据植物的个体大小安排密度及行向，一般常绿植物以南北向为好，落叶植物以东西向为好，这样园林植物才能正常生长发育。

知识拓展

不同日照植物的花期调控

对于季节性用于点缀装饰园林的观花、观果盆栽植物，可以在一定的园艺设施（如温室）中利用植物的光周期现象进行花期调控，使其按需开花，满足布置花坛、美化街道及各种场合造景、花卉生产和观赏的需要。一般短日植物可以进行遮光处理、缩短光照时间进行花期调控；长日植物可以进行补光处理、延长光照时间，使其满足对光周期的需要。

一、短日植物花期控制

菊花、一品红、叶子花、蟹爪兰等属于短日植物，在秋、冬季节日照变短时才陆续开花。如果想使这些花卉提前到国庆节开花，就必须进行遮光处理。根据所确定的开花时间，每天只给 8 ~ 9 小时光照，其他时间完全遮光。菊花经遮光处理后，20 天即可出现花蕾，50 ~ 60 天即可开花；一品红单瓣种在国庆节前 45 ~ 55 天进行处理，重瓣种在国庆节前 55 ~ 65 天进行处理；叶子花和蟹爪兰可于国庆节前 45 天进行处理，都可达到在国庆节开花的目的。

对短日植物进行长日照处理，能阻止花芽形成，达到推迟花期的目的。如秋菊的正常花期为 10 月下旬到 11 月，欲使其在 1 ~ 2 月开花，可选用晚花品种采用人工增加照明的办法：从日落起，可在距植株顶梢 1 m 以上处使用 100 W 的灯泡照明 6 h，使其全天光照时间达到 14 ~ 16 h，处理时间需 80 天左右，即从 8 月中旬到 11 月中下旬进行处理。

二、长日植物花期控制

在短日照季节，对长日植物进行补充光照，可使其提前开花。例如唐菖蒲、晚香玉、瓜叶菊等长日植物，在秋、冬季及早春的短日照条件下不开花，可在温室内用白炽灯、日光灯或弧光灯等人造光源对其进行每天 3 h 以上的补充光照，使每天光照时间达 15 h 左右，就可达到催花的预期效果。

思考与练习

1. 光照强度对植物的生长发育有什么生态作用？
2. 阳性植物与耐阴植物在形态构造和生理特性上有什么区别？
3. 阳生叶与阴生叶各有什么特点？
4. 光周期现象对植物生长发育的影响是什么？

实训八　园林植物的花期调控

一、实训目的

掌握园林植物花期调控的原理和方法，能根据需求合理安排调控进程和步骤。

二、实训材料和用具

1. 材料

三年生以上的盆栽碧桃，当年生一品红植物若干株。

2. 用具

日光温室、遮阴设备、移栽相关工具等。

三、实训方法和原理

1. 碧桃花期调控

碧桃喜温暖，耐严寒，在16～28℃的范围内生长良好，在中国北方地区也能露地越冬。碧桃要正常开花，必须先经过一段低温阶段，否则其花器难以正常发育，生产中可通过不同的温度及时间措施来调控碧桃的开花时间。

（1）低温处理　欲使碧桃在春节开花，应在冬至前后碧桃落叶后，放置在0℃以下的低温环境中1～2个月，如在-15℃的温度条件下，则1个月的时间即可完成，而在-5℃的低温条件下，植株需经过2个月才能完成春化，进入开花前期。

（2）催花　碧桃植株完成低温处理后即进入室内催花期，要避免将其立即置于气温较高的环境中，应先把植株置于气温接近0℃左右的环境中2～3天，再逐渐将环境温度提高，如果长时间把植株置于气温过高的地方，碧桃花蕾容易败育，反而会导致催花失败。一般由入室至开花，约需一个半月时间，碧桃红花品种较白花品种易于催花，时间长短又因室温而异。

（3）管理措施　室温升高后，每天可在花枝上洒点清水，以免枝条干萎。如见花蕾迅速膨大，即将开放，而距春节时日尚早，应立即移入低温温室（如5～10℃）进行抑制，直至春节期近，再移放至高温温室催数日，便可开花。

2. 一品红花期调控

一品红也叫圣诞花，其自然花期在圣诞节前后，由于一品红是短日植物，通过提前遮光处理，可以使其在国庆节期间开花。

（1）遮光处理　在国庆节用花，需在8月下旬进行短日照处理，每天见光8～10 h，

40 天后就能开花。用黑色塑料做成暗罩，每天下午 5 点把苗盆放进暗罩里，次日上午 9 点再把苗盆搬出，使之充分见光。一般来说，遮光处理 30 天后盆苗顶端红色苞叶便可形成。若在劳动节用花，需在 3 月下旬进行短日照处理，方法与国庆节用花一致。

（2）管理措施　一品红喜通气性良好的微酸性土壤，喜肥，缺肥会导致花生长缓慢、叶片发黄脱落，可每星期浇稀薄肥水一次，但在开花期，为使花开的时间尽量长一些，要适当控制肥水施用量。

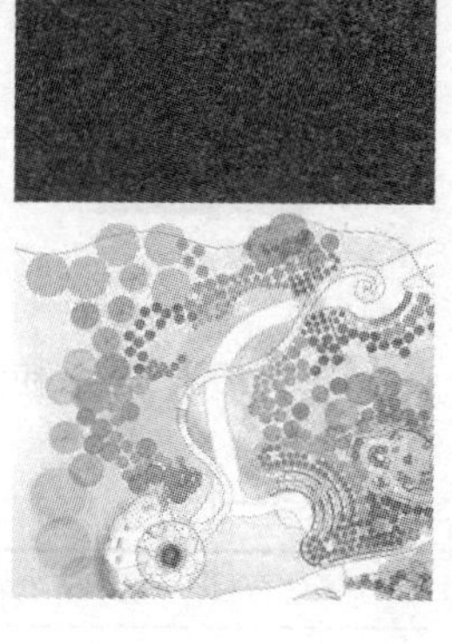

第五章

土壤基本性质

园林绿化植物的生长要求一定的土壤条件，在不同的土壤中生长情况也不尽相同。土壤质地、土壤孔隙性和土壤结构是土壤主要的物理性质，土壤酸碱性是土壤主要的化学性质。由于土壤分布的地域环境不同，土壤物质组成不同，各粒级土壤颗粒的分布及其在空间的位置排列不同，导致土壤质地类别、孔隙性质、结构状况、酸碱性等土壤的理化性质产生差异，土壤理化性质的差异又会导致土壤水、气、热及养分转化与供应等发生变化，植物生长的环境条件和营养条件的改变会直接影响植物的生长。

第一节 土壤质地

教学目标

◇掌握土壤质地分类知识，能够识别基本的土壤质地类型

◇明确土壤质地与土壤肥力及植物生长的关系，能够有针对性地解决生产中常遇的问题

◇了解土壤质地改良的基本措施，能够进行土壤质地改良

不同质地的土壤，其通透性、保蓄性、养分状况以及肥力性状表现均不一样，植物、苗木在不同质地土壤中的生长情况也明显不同。

一、土粒分级

1. 定义

按照一定的科学原则和方法把土粒分为若干个等级，使每一个等级的土粒在组成和性质上保持基本一致，这样的划分方法称为土粒分级。

2. 卡庆斯基土粒分级标准（见表 5—1）

表 5—1 **卡庆斯基分级标准**

粒径	粒级
$\phi \geqslant 0.01$ mm	物理性砂粒
$\phi < 0.01$ mm	物理性黏粒

特点：以 0.01 mm 为界将土粒划分为物理性砂粒和物理性黏粒，简单实用。

缺点：土壤中粉粒多时，这种方法有些欠缺。

二、各粒级土粒的组成及性质特点

土粒分级标准虽有不同，但概括起来有四种基本粒级：石砾、砂粒、粉砂粒、黏粒（见表 5—2）。

表 5—2 **土粒的基本粒级**

名称	矿物组成	性质
石砾	由母岩碎片和风化矿物碎块组成，保留原有矿物成分	无黏结性、可塑性、胀缩性，孔隙大，通气透水性强，不能蓄水保肥，养分易淋失，土温变幅大
砂粒（粗砂、细砂）	石英为主，次有长石、角闪石等	无黏结性、可塑性、胀缩性，孔隙大，通气透水性强，不易蓄水保肥，养分少，易淋失，土温变幅大
粉砂粒	长石、角闪石等为主，次有石英	介于砂粒与黏粒之间。黏结性、可塑性、胀缩性弱，孔隙适中，通气透水性较强，蓄水保肥能力中下，养分较少，易淋失，土温变幅较大
黏粒	硅、铁、铝的氧化物及黏土矿物	黏结性、黏着性、可塑性、胀缩性等物理机械性质强，吸附能力强，孔隙小，通透性差，保蓄性强，矿质养分丰富，具有胶体性质

三、土壤质地的概念及分类

1. 土壤机械组成与土壤质地的概念

土壤机械组成：土壤是由大小不同的土粒以不同的比例组合而成的，这些不同的粒级混合在一起表现出不同的土壤粗细状况，各粒级土粒的质量百分数称为土壤机械组成。

土壤质地：是以土壤机械组成的近似性划分出的粗细等级作为标准。例如，<0.01 mm 的物理性黏粒在 20%~30% 之间的土壤，土壤质地为壤土，质地等级为轻壤土。

2. 土壤质地分类标准

目前，园林土壤质地分类采用卡庆斯基质地分类标准（见表 5—3），在生产中，实际采用土壤质地简明标准（分六级），见表 5—4。

表 5—3　　卡庆斯基质地分类标准

质地	< 0.01 mm，%	≥ 0.01 mm，%	等级
砂土	0～5	100～95	松砂土
	5～10	95～90	紧砂土
壤土	10～20	90～80	砂壤土
	20～30	80～70	轻壤土
	30～45	70～55	中壤土
	45～60	55～40	重壤土
黏土	60～75	40～25	轻黏土
	75～85	25～15	中黏土
	> 85	< 15	重黏土

表 5—4　　土壤质地简明标准（分六级）

质地等级		代码	物理性黏粒 < 0.01mm，%
砂土		1	0～10
壤土	砂壤土	2	10～20
	轻壤土	3	20～30
	中壤土	4	30～45
	重壤土	5	45～60
黏土		6	>60

举例 1：

A 土壤≥ 0.01 mm，76%；< 0.01 mm，24%，为轻壤土。

B 土壤≥ 0.01 mm，42%；< 0.01 mm，58%，为重壤土。

举例 2：

3^+——→轻壤偏中壤，介于轻壤和中壤之间，接近轻壤，为轻壤土。

4^-——→中壤偏轻壤，介于轻壤和中壤之间，接近中壤，为中壤土。

四、土壤质地与土壤肥力的关系

1. 土壤质地与土壤营养条件的关系（见表 5—5）

表 5—5　　土壤质地与土壤营养条件的关系

肥力性状	砂土	壤土	黏土
保持养分能力	弱	适中	强
供给养分能力	弱	适中	弱
保持水分能力	弱	适中	强
有效水分含量	低	高	中—低

2. 土壤质地与环境条件的关系（见表 5—6）

表 5—6 土壤质地与环境条件的关系

肥力性状	砂土	壤土	黏土
通气性	强	中等	差
透水性	强	中等	差
增温性	易	中等	不易

注：土壤中的石砾对土壤肥力有一定影响。砂土及黏土均不宜植物生长，而壤土最宜植物生长。

土壤质地直接影响土壤的孔隙状况，进而影响土壤水、气、热的协调，影响土壤微生物的活性，影响土壤养分的转化，影响养分的有效性，影响土壤的保肥与供肥。这些都影响到植物苗木的生长，特别是影响幼苗的生长。因此，在苗圃地的规划中，土壤质地的选择至关重要，一般首选轻壤土，其次选砂壤土。苗圃地土壤质地的选择原则是“宁砂勿黏”。

五、土壤质地的改良

1. 客土法

在砂土中掺黏土或在黏土中掺砂土以达到改良土壤质地的方法。客土法适宜小范围改良，其缺点是费工费时。

2. 灌淤法与漫砂法

通过控制洪水或河水流速来达到灌淤（或漫砂）的目的，特点是需要利用自然条件。灌淤法适宜于砂土；漫砂法适宜于黏土。

3. 提高土壤有机质含量

通过施用有机肥来提高土壤有机质（腐殖质）含量，调节有机质转化过程的方向和强度，对砂土、黏土均有改良作用。

提高土壤有机质含量，对于砂土，能够提高黏结性，增强保蓄能力、缓冲能力，提高土壤养分含量，改良砂土的不良性状，改善植物生长的营养条件和环境条件；对于黏土，能够减弱黏结性，疏松土壤，促进团粒结构形成，促进养分转化，协调土壤保肥供肥状况，提高养分有效性。

思考与练习

1. 砂土的特性有哪些?
2. 黏土的特性有哪些?

3. 为什么苗圃地土壤质地的选择原则是“宁砂勿黏”？

4. 土壤质地改良的方法主要有哪些？

实训九　土壤质地测定

土壤是由粒径不同的各粒级颗粒组成的，各粒级颗粒的相对含量即颗粒组成，对土壤的水、热、肥、气状况都有深刻的影响。土壤颗粒分析即测定土壤的颗粒组成，并以此确定土壤的质地类型。本实验采用比重计法测定土壤颗粒组成，同时练习手测质地方法。

一、简易比重计法（经典方法）

1. 方法原理

土粒在液体中沉降速度与土粒直径成正比。土样经化学和物理方法处理后充分分散为单粒，并制成 5% 悬浮液，让土粒自由沉降。经过不同时间，分别用土壤比重计（又称甲种比重计）测定悬浮液比重，比重计读数直接指示比重计悬浮处的土粒重量（g/L）。根据不同沉降时间的比重计读数，便可计算不同粒径的土壤颗粒含量。

2. 操作步骤

（1）称样　称取通过 1 mm（卡氏制）筛孔，相当于 50 g（精确到 0.01 g）干土重的风干土样，置于 100 mL 烧杯中。

（2）样品分散　根据土壤酸碱性质，分别选用下列分散剂：石灰性土壤（50 g 样品，下同），加 0.5 mol/L 六偏磷酸钠 60 mL；中性土壤加 0.25 mol/L 草酸钠 60 mL；酸性土壤加 0.5 mol/L 氢氧化钠 40 mL。

称取土样 50 g，放入 100 mL 烧杯中，加入相应的分散剂 60 mL 后，用带有橡皮头的玻璃棒研磨搅拌土样（黏土不少于 20 min，壤土及砂土不少于 15 min），充分研磨均匀，使土粒分散。

（3）制备悬液　将分散后的土样用软水洗入 1 000 mL 的沉降筒（或量筒）中，加软水至满刻度，即为 5% 的悬浮液，放置于平稳台面上，加入 1～2 滴无水乙醇浸泡。

（4）测定悬液比重

1）测定悬液温度。垂直搅拌悬液 10 次，将温度计插入，等待 30 s 后读数并记录，查表 5—7，确定各粒级土粒开始沉降时间。然后用特制搅拌棒上下均匀搅拌悬液 30 次（约 1 min），使悬液中颗粒均匀分布。搅拌停止立即取出搅拌棒，并记录时间（土粒开始沉降的时间）。

2）读数。按表 5—7 所列温度、时间和粒径的关系，选定测比重计读数的时间，分别

测出 <0.05 mm、<0.01 mm、<0.001 mm 等各粒级开始沉降时的比重计读数。每次读数前 30 s，将比重计轻轻放入悬液中，使其不要上下浮动，时间一到立即读数。读数后取出比重计，以免影响土粒继续下沉。

注意：只搅拌一次，读三次数。

表 5—7　　在不同温度时各粒级颗粒的比重计测定时间表（卡氏制）

粒径 / 时间 / 温度（℃）	<0.05	<0.01	<0.001	粒径 / 时间 / 温度（℃）	<0.05	<0.01	<0.001
	分　秒	分　秒	小时		分　秒	分　秒	小时
4	1　32	43	48	22	55	25	48
5	1　30	42	48	23	54	24　30	48
6	1　25	40	48	24	54	24	48
7	1　23	38	48	25	53	23　30	48
8	1　20	37	48	26	51	23	48
9	1　18	36	48	27	50	22	48
10	1　18	35	48	28	48	21　30	48
11	1　15	34	48	29	46	21	48
12	1　12	33	48	30	45	20	48
13	1　10	32	48	31	45	19　30	48
14	1　10	31	48	32	45	19	48
15	1　8	30	48	33	44	19	48
16	1　6	29	48	34	44	18　30	48
17	1　5	28	48	35	42	18	48
18	1　3	27　30	48	36	42	18	48
19	1　0	27	48	37	40	17　30	48
20	56	26	48	38	38	17　30	48
21	56	26	48	39	37	17	48
				40	37	17	48

（5）空白校正　另取一个沉降筒，加入与处理土样等量的分散剂，用软水稀释至 1 000 mL，比重计读数即为空白校正。

3. 结果计算

（1）比重计校正读数

比重计校正读数 = 比重计原读数 − 空白校正值

（注：空白校正值包括分散剂校正值和比重计校正值）

（2）各级土粒含量计算（卡氏制）

$$物理性黏粒（<0.01\ mm）=\frac{<0.01\ mm\ 颗粒的校正读数}{烘干土重}\times 100\%$$

4. 质地分类及定名（卡氏制）

根据测定出的各级颗粒的百分含量，划分质地类型。通常根据物理性黏粒含量，确定土壤质地类型，标准见表 5—3 或表 5—4。

卡氏制命名举例：根据测定计算结果，如物理性黏粒（<0.01 mm）含量为 25%，则为轻壤土。

5. 药品配制说明

（1）软水　取 2% 碳酸钠溶液 220 mL 加入 15 000 mL 自来水中，静置过夜，上部清液即为软水。

（2）2% 碳酸钠溶液　称取 20 g 碳酸钠，加水溶解稀释至 1 L。

（3）0.25 mol/L 草酸钠溶液　称取 33.5 g 草酸钠，加水溶解稀释至 1 L。

（4）0.5 mol/L 氢氧化钠溶液　称取 20 g 氢氧化钠，加水溶解后定容至 1 L，摇匀。

（5）0.5 mol/L 六偏磷酸钠溶液　称取 51 g 六偏磷酸钠加水溶解后定容至 1 L，摇匀。

二、土壤质地手测法（适用于野外）

1. 方法原理

根据各粒级颗粒具有不同可塑性和黏结性的特点来估测土壤质地类型。砂粒粗糙，无黏结性和可塑性；粉粒光滑如粉，黏结性与可塑性微弱；黏粒细腻，表现较强的黏结性和可塑性。不同质地的土壤，各粒级颗粒的含量不同，表现出粗细程度的不同及黏结性和可塑性的差异，本次实验主要学习湿测法，就是在土壤湿润的情况下进行质地测定。

2. 操作步骤

取少量（约 2 g）土样放置手中，用右手拇指和食指搓捏，根据感觉确定质地等级。湿测法是加水湿润土壤，同时通过充分搓揉使土壤吸水均匀，即加水到土样不粘手为止。然后按规格确定质地类型（见表 5—8）。

表 5—8　田间土壤质地鉴定规格（手测法）

质地名称	土壤干燥状态	干土用手研磨时的感觉	湿润土用手指搓捏时的成形性	放大镜或肉眼观察
砂土	散碎	几乎全是砂粒，极粗糙，有刺手感	不成细条，亦不成球，搓捏时土粒散开于手中	主要为砂粒
砂壤土	疏松	砂粒占多数，有少许粉粒，有粗糙感	能成土球，不能成条（破碎为大小不同的碎段）	主要为砂粒，夹杂有粉粒
轻壤土	稍紧，易压碎	开始细绵，渐有砂感	略有可塑性，可搓成粗 3 mm 的小土条，但水平拿起易碎断	主要为粉粒
中壤土	紧密，用力方可压碎	粉末细绵，稍有砂感	有可塑性，可成 3 mm 的小土条，但弯曲成 2 ~ 3 cm 小圈时出现裂纹	主要为粉粒
重壤土	更紧密，用手不易压碎	细粉末较多，无砂感或有轻微砂感	可塑性强，可搓成 1 ~ 2 mm 的小土条，能弯曲成直径 2 cm 的小圈而无裂纹，压扁时有裂纹	主要为粉粒，夹杂有黏粒
黏土	很紧密，不易敲碎	细而均一的粉末，有滑感，会刺入指纹	可塑性、黏结性均强，可搓成 1 ~ 2 mm 的小土条，弯成的小圈压扁时无裂纹	主要为黏粒

第二节
土壤孔隙性与土壤结构

教学目标

◇明确土壤孔隙性与土壤肥力及植物生长的关系

◇掌握土粒密度与土壤密度的概念，能够进行土壤密度测定，了解土壤物质组成特点

◇能够识别基本的土壤结构类型，掌握土壤结构改良的方法

◇明确土壤结构与土壤肥力及植物生长的关系，能够有针对性地解决生产中常遇的问题

土壤孔隙性与土壤结构是土壤重要的物理性质，两者密切相关。两者对土壤的松紧状况均有影响，而土壤松紧状况影响到根的发育及植物的生长发育和影响土壤水分、空气、养分的转化。因此，只有了解土壤结构类型和不同孔隙状况的肥力特点，掌握改良土壤结构的方法，才能在园林植物种植养护中做到所种植的植物与土壤相适应。

一、土壤孔隙性

1. 土壤孔隙性定义

土壤孔隙性包括孔隙的数量、孔隙的大小及其比例，土壤孔隙的数量用孔隙度或孔隙比表示。

2. 土壤孔隙度与孔隙比

土粒或团聚体之间以及团聚体内部的间隙叫土壤孔隙。土壤孔隙的容积占整个土壤体积的百分数称为土壤孔隙度，又称总孔度。它是衡量土壤孔隙的数量指标。

土壤孔隙度 =（孔隙容积 / 土壤体积）× 100%

孔隙比是土壤中孔隙容积与土粒体积的比值。孔隙比数值为 1 或稍大于 1 为好。

土壤孔隙比 = 孔隙度 /（1- 孔隙度）

3. 孔隙的类型

土壤孔隙度与孔隙比只能说明土壤“量”的问题，并不能说明土壤孔隙“质”的差别，即使两种土壤孔隙度与孔隙比相同，如果大小孔隙的数量分配不同，则它们的保水、透水、通气以及其他性质仍会有差异。

通常根据孔隙的大小及作用将土壤孔隙分为非活性孔隙、毛管孔隙和非毛管孔隙（通气孔隙）三种类型。

（1）非活性孔隙（无效孔隙） 非活性孔隙是土壤中最微小的孔隙，实际孔径 <0.001 mm（当量孔径小于 0.002 mm），土壤水吸力为 1 500 KPa 以上，这种孔隙被土粒表面的吸附水几乎填充满。土粒对这些水有较强的分子引力，使水分不易运动，也不易损失。非活性孔隙不能通气、透水，耕作的阻力大，故又称为无效孔隙。无效孔径中植物的根与根毛难以伸入，供水性差，这部分水不能为植物所利用。大多数土壤中这类孔隙数量极少，可以忽略。

（2）毛管孔隙（持久孔隙） 毛管孔隙是指土壤中毛管水所占据的孔隙，实际孔径在 0.001 ~ 0.1 mm（当量孔径为 0.002 ~ 0.02 mm）之间，土壤水吸力为 150 ~ 1 500 KPa。毛管孔隙的数量决定着土壤保蓄能力的强弱。植物的细根、原生动物和真菌等很难进入毛管孔隙中，但植物根毛和一些个体小微生物可在其中活动，有利于养分的吸收与转化，毛管孔隙保存的水分可被植物吸收利用，属于有效水，是最宝贵的水。

（3）非毛管孔隙（通气孔隙） 非毛管孔隙较为粗大，实际孔径 >0.1 mm（当量孔径大于 0.02 mm），相应的土壤水吸力小于 150 KPa。非毛管孔隙的数量决定着土壤通透性的强弱，非毛管孔隙度大于 10%，土壤就有良好的通透性。通气孔隙的水分主要受重力支配而排出，不具有毛管作用，是土壤空气流动的通道，所以又称为通气孔隙。

毛管孔隙度 =（毛管孔隙容积 / 土壤体积）× 100%

= 田间持水量（%）× 容重

通气孔隙度 =（通气孔隙容积 / 土壤体积）× 100%

土壤孔隙度 = 土壤孔隙体积 / 土壤体积 × 100%=（土壤体积 - 土粒体积）/ 土壤体积 × 100%=[1-（土壤质量 / 比重）/（土壤质量 / 容重）]× 100%=（1- 容重 / 比重）× 100%

影响土壤孔隙性的内因主要是土壤质地、土壤结构（即土粒的排列方式）及有机质含量。

影响土壤孔隙性的外因主要是降雨、施肥、灌溉及耕作等外界条件。

土壤孔隙大小和数量影响土壤的松紧状况，而土壤松紧状况的变化又反过来影响土壤孔隙的大小和数量，两者密切相关。

土壤孔隙状况密切地影响土壤保水通气能力。土壤疏松时，保水与透水能力强，而土壤紧实时，通气差，渗水慢，在多雨季节易产生地面积水和地面径流；干旱季节，由于土壤疏松，易通风跑墒，不利于水分保蓄，故多采用耙、耱或镇压等措施，保蓄土壤水分。

由于土壤松紧度和孔隙状况影响水气的含量，也就影响到养分的有效性和保肥供肥性能，还影响到土壤的增温与土温的稳定性，因此，土壤松紧度和孔隙状况对土壤肥力有较大影响。

二、土粒密度（比重）和土壤密度（容重）

1. 土粒密度（比重）

土粒密度（比重）是指单位体积的固体土粒（不包括粒间孔隙）的质量，单位 g/cm^3。土粒体积不包括孔隙体积。

土粒密度（g/cm^3）= 土粒质量 / 土粒体积

多数土壤矿物比重在 2.6～2.7 g/cm^3 左右，故将 2.65 作为土壤矿物的平均值，而一般土壤有机质的比重为 1.25～1.40 g/cm^3。由于表层土壤有机质含量较多，其比重通常都低于心土层及底土层。土粒密度（比重）能反映土壤固相组成的特点。

2. 土壤密度（容重）

土壤密度（容重）是指单位体积原状土壤（包括孔隙体积）的质量（烘干重计），单位为 g/cm^3。土壤密度大体在 1.00～1.70 g/cm^3 之间，是土壤肥力的重要标志之一。

土壤密度（g/cm^3）= 土壤质量 / 土壤体积

土壤密度（容重）能反映土壤的松紧度和孔隙状况，在生产上有很大的应用价值。土壤密度（容重）的应用如下：

（1）计算土壤总孔度。

（2）配合水分常数计算各级孔隙度。

（3）计算土壤固、液、气三相容积比率，用以反映土壤自身调节肥力因素的功能。

（4）将土壤某些以质量为基础的数据换算成以容积为基础的数据。

（5）计算一定面积与深度的土壤质量。

（6）计算一定土层内各种土壤成分的含量。

三、土壤结构

土粒在内、外因素的综合作用下相互团聚成大小、形状和性质不同的团聚体，称为土壤结构（或土壤结构体）。土壤结构随时间、耕作措施的实施而不断变化。土壤结构性是指土壤中结构体的形状、大小、排列情况及其稳定性。

1. 土壤结构的类型及其特性

（1）块状结构 近立方体，纵轴与横轴大致相等，边面与棱角不明显。块状结构按其大小分为大块状结构（轴长大于 5 cm）、块状结构（轴长 3 ~ 5 cm）和碎块状结构（轴长 0.5 ~ 3 cm）。

块状结构在土壤黏重、缺乏有机质的表土中最为常见，特别是土壤过湿或过干时，最易形成。表层多见大块状结构，心土层和底土层多见块状和碎块状结构。

（2）核状结构 近立方体，棱角局部较为明显，轴长 0.5 ~ 1.5 cm，一般多分布于缺乏有机质的心土层、底土层中。

（3）柱状结构 按棱角明显程度分为柱状结构和棱柱结构两种。柱状结构的棱角不明显，棱柱结构的棱角明显。

这类结构纵轴远大于横轴，在土体中呈直立状态，多存在于心土层、底土层中，在黄土母质心土层以下分布或在干湿交替的作用下形成。柱状结构的土壤，结构体之间有明显的裂隙，常引起漏水、漏肥现象。

（4）片状结构 横轴远大于纵轴，呈薄片状，常存在于老耕地的犁底层中，此外，雨后或灌水后所形成的地表结壳和板结层，属于片状结构。

片状结构不利于通气、透水，会影响种子发芽和幼苗出土，还会加大土壤水分蒸发，因此在生产上要进行雨后中耕松土，以消除地表结壳。

（5）团粒结构 团粒结构是指近似球形，疏松多孔的小团聚体，其直径约为 0.25 ~ 10 mm。粒径 <0.25 mm 的团聚体，又称微团粒。

生产中最理想的团粒结构粒径为 2 ~ 3 mm，这是一种最好的土壤结构类型。

团粒结构分为水稳性团粒结构和非水稳性团粒结构。经水浸泡较长时间不散的叫水稳性团粒结构，经水浸泡立即松散的叫非水稳性团粒结构。

土壤中土壤有机质（腐殖质）含量高，则形成水稳性团粒结构，如东北地区的黑土，直径 >0.25 mm 的水稳性团粒结构可高达 80% 以上，而我国绝大多数旱地土壤耕作层则多为非水稳性团粒结构。

团粒结构的特性是具有多孔性和水稳性，肥力性状表现如下：

1）协调土壤水、气矛盾。团粒结构的土壤，大小孔隙比例适当，在团粒内部是小孔隙，而在团粒之间是大孔隙，能同时供给植物以水分和空气，协调水、肥、气、热，满足作物的需要。

具体来讲，在水分方面，当降雨或灌水时，水分很快地通过大孔隙进入土层，又能较快地进入团粒内部的小孔隙内，使团粒结构充满水分，减少了地表径流和侵蚀，由于通气孔隙占有一定的比例，因此不会因水分过多排挤空气而造成通气不良。

当土壤干燥时，表土层团粒结构的水分蒸发，团粒的体积收缩，与下面团粒间空隙加大，毛管联系点减少，破坏了与上层的联系，形成隔离层，水分不能源源不断地自下层土壤上升蒸发，使下层团粒内的水分仍被保存着。因此，对于团粒结构多的土壤而言，无论是多雨还是干旱时，土壤下层团粒内总保持有一定的水分，可以满足根系的需要，所以，每个团粒就是一个“小水库”，有团粒结构的土壤，水和空气是协调的。

2）协调土壤有机养分消耗与积累矛盾。在养分方面，由于团粒结构大孔隙内有空气存在，因此团粒结构表面的有机质能被微生物进行好气分解，成为植物可以利用的养分。团粒内部则一方面因为有水分充塞，另一方面，因为外部进行的好气分解，消耗了二氧化碳，而造成嫌气环境，腐殖质得以累积，养分得到保存，因此，团粒结构的土壤，能不断地供给植物生长需要的养分，有“小肥料库”的作用。

3）稳定土壤温度，保持适宜的温度状况。

4）改良土壤耕性，使土质疏松，有利于根系伸展。

因此，团粒结构是改进土壤固、液、气三相比的一个重要因素。团粒结构的土壤水、肥、气、热四个肥力因素相互协调，肥力高，故团粒结构被称为土壤肥力调节器。

2. 土壤团粒结构的形成

（1）土壤团粒结构的形成过程

第一阶段：单粒在土粒表面分子引力作用下黏结形成复粒或微团聚体的过程。

第二阶段：复粒（微团聚体）在胶体物质作用下，进一步胶结团聚，形成结构体的过程。

（2）团粒结构形成的必备条件

1）土粒细小。土粒要具有一定的黏结性，才能形成复粒。

2）胶结物质。有机胶体、无机胶体等胶体物质凝聚起胶结作用。

3）凝聚物质。有二价以上的阳离子作为电解质，促使胶体凝聚。

4）成型动力。外力作用促使团粒结构形成。包括土壤生物的作用、干湿交替、冻融交替及在适宜土壤含水量下合理耕作等。

3. 土壤结构的改良与恢复

（1）耕作结合增施有机肥料　精耕细作结合施用有机肥料是我国目前大多数地区创造良好土壤结构的主要方法。在耕层的浅土壤上，采用深耕，加深耕层，结合施用有机肥料，加速土壤熟化。施用有机肥料必须与精耕细作相结合，因为只有土粒与有机质混合均匀，土肥相融，才能充分发挥腐殖质的胶结作用。我国各地的高产肥沃土壤都是通过这种措施来创造优良土壤结构的。

（2）合理间作、种植绿肥　各种作物本身的生物学特点和相应的耕作管理制度对土壤团粒结构的形成具有很大的影响。

如绿篱等密植园林植物，根系密集，本可以创造较多的团粒结构，但因中耕次数少，非水稳性团粒结构不多，土壤易板结，形成土块。而棉花、玉米等中耕作物，由于植株密度小，根系数量少，形成水稳性团粒结构少，但由于中耕次数多，因此能形成较多的非水稳性团粒结构。

豆科绿肥和禾本科牧草作物不仅根系密集，而且豆科绿肥还能够吸收大量钙质保留在耕层，这对创造水稳性团粒结构起到良好的作用，因此，世界各国非常重视绿肥和牧草在轮作中的地位。

（3）科学的土壤管理　采用先进的灌溉技术，喷灌、滴灌、地下灌溉（渗灌）等既能节水，又能防止土壤结构遭到破坏。酸性土施用石灰，碱性土施用石膏，既能调节土壤养分，又能改善土壤结构。

（4）土壤结构改良剂的应用　土壤结构改良剂是用来促进土壤形成团粒，提高土壤肥力和固定表土、保护耕层、防止水土冲刷的矿物质、腐殖质以及人工合成聚合物制剂，它是根据土壤中团粒结构形成的客观规律，提取腐殖质、木质素等物质作为团粒的胶结剂。

思考与练习

1. 什么是土壤孔隙？土壤孔隙可分为哪几级？
2. 土壤比重和容重有何区别？
3. 影响土壤孔隙性的因素有哪些？如何调控？
4. 简述土壤结构的类型及肥力特点。
5. 生产实践中采用哪些措施创造团粒结构？

实训十　土壤密度（容重）的测定（环刀法）

土壤密度（土壤容重，又叫土壤的假比重），是指田间自然状态下，单位体积原状土壤的干重，通常用 g/cm^3 表示。土壤容重除用来计算土壤总孔隙度外，还可用于估计土壤的松紧度和结构状况。

一、方法原理

用一定容积的钢制环刀，切割自然状态下的土壤，使土壤恰好充满环刀容积，然后称量，并根据土壤自然含水量计算每单位体积的烘干土重，即土壤密度（容重）。

二、操作步骤

1. 在室内先称量环刀（连同底盘、垫底滤纸和顶盖）的重量，环刀容积一般为 50～200 cm^3。

2. 将已称量的环刀带至田间采样。采样前，将采样点土面铲平，去除环刀两端的盖子，再将环刀（刀口端向下）平稳压入土中，切忌左右摆动，在土柱冒出环刀上端后，用铁铲挖周围土壤，取出充满土壤的环刀，用锋利的削土刀削去环刀两端多余的土壤，使环刀内的土壤体积恰为环刀的容积。在环刀刀口一端垫上滤纸，并盖上底盖，环刀上端盖上顶盖。擦去环刀外的泥土，立即带回室内称重。

3. 在紧靠环刀采样处，再采土 10～15 g，装入铝盒带回室内测定土壤含水量。

三、结果计算

$$\text{环刀内干土重（g）} = \frac{\text{环刀内湿土重（g）}}{100+\text{土壤含水量（\%）}} \times 100$$

$$\text{土壤密度（g/cm}^3\text{）} = \frac{\text{环刀内干土重（g）}}{\text{环刀容积（cm}^3\text{）}} \times 100$$

四、仪器设备

1. 容积为 100 cm^3（或 200 cm^3）的钢制环刀。

2. 削土刀及小铁铲各 1 把。

3. 感量为 0.1 及 0.01 的粗天平各 1 架。

4. 烘箱、干燥器及小铝盒等。

实训十一　土壤结构形状的观察

土壤颗粒往往不是分散单独存在，而是以不同原因相互团聚成大小、形状和性质不同的土团、土块或土片，称为土壤结构。土壤结构影响土壤孔隙性，从而影响土壤水、气、肥状况和土壤耕性。因此鉴定土壤结构是观察土壤剖面的一个重要项目，也是分析土壤肥力的一项指标。本次实验观察土壤结构标本，为野外土壤剖面观察记载打好基础。

一、土壤结构类型

土壤结构类型的划分见表 5—9。

表 5—9　　土壤结构类型及大小的区分

类型	形状	结构单位	直径大小
结构体沿长、宽、高三轴平衡发育	块状：棱角不明显，形状不规则；界面与棱角不明显	大块状结构 小块状结构	>100 mm 50～100 mm
	团块状：棱角不明显，形状不规则，略呈圆形，表面不平	大团块结构 团块状结构 小团块结构	30～50 mm 10～30 mm <10 mm
	核状：形状大致规则，有时呈圆形	大核状结构 核状结构 小核状结构	>10 mm 7～10 mm 5～7 mm
	粒状：形状大致规则，有时呈圆形	大粒状结构 粒状结构 小粒状结构	3～5 mm 1～3 mm 1～1.5 mm
结构体沿垂直轴发育	柱状：形状规则，明显的光滑垂直侧面，横断面形状不规则	大柱状结构 柱状结构 小柱状结构	横断面直径 >50 mm 30～50 mm <30 mm
	棱柱状：表面平整光滑，棱角尖锐，横断面略呈三角形	大棱柱状结构 棱柱状结构 小棱柱状结构	>50 mm 30～50 mm <30 mm
结构体沿水平轴发育	片状：有水平发育的节理平面	板状结构 片状结构	厚度 >3 mm <3 mm
	鳞片状：结构体小，局部有弯曲的节理平面	鳞片状结构	
	透镜状：结构上、下部均为球面	透镜状结构	

二、观察方法

在野外观察土壤结构时，必须挖出一大块土，用手顺其结构之间的裂隙轻轻掰开，或

轻轻摔于地上，使结构体自然散开，然后观察结构体的形状、大小，与附表对照，确定结构体类型。再用放大镜观察结构体表面有无黏粒或铁锰淀积形成的胶膜，并观察结构体的聚集形态和孔隙状况。观察完后用手指轻压结构体，看其散开后的内部形状或压碎的难易，也可将结构体浸泡于水中，观察其散碎的难易和散碎的时间，以了解结构体的水稳性。

第三节
土壤酸碱性

教学目标

◇明确土壤酸碱性的概念，能够熟练地进行土壤酸碱度测定

◇明确土壤酸碱性与土壤肥力及植物生长的关系，掌握土壤酸碱性改良的方法

◇能够有针对性地解决园林植物栽培中常遇到的相关问题

一、土壤酸碱性的概念

土壤酸碱性是指土壤溶液的酸碱性。它是由土壤溶液中 $[H^+]$（氢离子浓度）和 $[OH^-]$（氢氧根离子浓度）的相对数量决定的。土壤酸碱性既是土壤溶液的性质，又和固相、气相组成密切相关，当土壤溶液中 $[H^+]>[OH^-]$ 时，土壤呈酸性反应；反之，当土壤溶液中 $[OH^-]>[H^+]$ 时，土壤呈碱性反应；而 $[H^+]$ 与 $[OH^-]$ 相等时，呈中性反应。

二、土壤酸碱性产生的原因

1. 土壤碱性产生原因

在干旱条件下，土壤中碱性盐及交换性钠离子的存在使土壤呈碱性。

2. 土壤酸性产生原因

（1）湿润的气候是土壤产生酸性的宏观根源　湿润的气候条件下，降水量大于蒸发量，水分下渗造成土壤中盐基离子的淋溶，H^+ 相对富集，$[H^+]$ 增大，使土壤呈酸性。淋溶越强，土壤酸性越强。

我国由于南方气候湿润，北方气候干旱，土壤有“南酸北碱”的分布趋势。我国土壤的 pH 值大多在 5～8.5 之间，在北纬 33° 以南，土壤多呈酸性至强酸性；而在北纬 33° 以北，土壤多呈中性至碱性。

（2）生物因素　生物因素致酸的原因很多，植物根系的呼吸产生二氧化碳溶于水形成碳酸，增加 H^+；有机质分解产生有机酸，增加 H^+；森林植被，特别是针叶林分泌产生有机酸，增加 H^+；根系吸收养分离子，残留 H^+；土壤微生物生命活动产生 H^+。这些都会产生 H^+ 而增强土壤酸性。如针叶树的落叶分解产生的酸，使得土壤呈较强的酸性。

（3）灌溉和施肥　中性水浇灌造成盐基离子淋溶，盐基饱和度降低，$[H^+]$ 增大；灌溉水本身具有酸性，直接增加 H^+；施用酸性肥料常带有 H^+，直接增强土壤酸性；生理酸性肥料酸根水解也会产生 H^+，增强土壤酸性。如南方园林土壤和通透性强的盆栽土壤，浇水和施过磷酸钙和硫酸钾常常造成土壤酸性增强。

（4）酸性母质　有些成土母质本身就具有酸性，成土后，土壤保留一定酸性。如红黏土和花岗岩类母质本身具有酸性。

（5）Al^{3+} 的水解（活化）　近年来国内外的研究表明，Al^{3+} 的水解，是引起土壤呈强酸性的最主要原因。一个 Al^{3+} 完全水解，会释放三个 H^+，而土壤中不乏铝硅酸盐，Al^{3+} 的水解强度大时，释放大量 H^+，土壤酸性就会更强。

$$Al^{3+}+3H_2O=Al(OH)_3+3H^+$$

三、土壤酸碱性的表示方法

1. 活性酸度（土壤 pH）

一般情况下，土壤酸碱性用 pH 值表示，pH 值是溶液中 $[H^+]$ 的负对数，也称为活性酸度。土壤 pH 值越大，碱性越强，土壤 pH 值越小，碱性越弱。土壤酸碱性分级标准见表 5—10。

$$pH=-\lg(H^+)$$

表 5—10　　土壤酸碱性分级标准（《中国土壤》）

pH 值	土壤酸碱性分级
<4.5	强酸性
4.5～5.5	酸性
5.5～6.5	微酸性
6.5～7.5	中性
7.5～8.5	微碱性
8.5～9.5	碱性
>9.5	强碱性

2. 潜性酸度（H^+cmol/kg）

潜性酸度是指土壤胶体上所吸附的 H^+ 和 Al^{3+} 代表的酸度。H^+ 呈吸附态时不表现酸性，

当它们从胶体上解离或被其他阳离子所交换而转移到溶液中后，才表现出酸性；而吸附性 Al^{3+} 被解析到溶液中后，通过水解释放出 H^+ 而呈现酸性。酸性土壤单用 pH 值（活性酸度）表示酸性强弱，往往不能准确反映土壤中酸性物质的总量，有研究表明，土壤中潜性酸度>>活性酸度，潜性酸度决定着土壤的总酸度。例如美国一项研究结果显示，同一土壤中，潜性酸度至少是活性酸度（用 pH 值表示）的 1 000 倍以上。因此，在确定改良剂用量时，通常用潜性酸度（H^+cmol/kg）表示土壤酸度。

3. 碱化度

碱化度是土壤中交换性 Na^+ 占土壤阳离子总量的百分数，也叫钠离子饱和度。碱化度可以表示碱性土壤的碱化程度及碱性强弱。碱性土壤分级指标如下：

碱化度 5%～10%　　轻度碱化土

碱化度 10%～15%　　碱化土

碱化度 15%～20%　　重度碱化土

碱化度＞ 20%　　碱土

四、土壤酸碱性对土壤肥力和植物生长的影响

土壤酸碱性对植物生长的影响不是直接的，而是间接的。土壤酸碱性直接影响土壤的理化和生物性质、养分的转化和有效性，进而影响到植物的生长。植物对土壤酸碱性是有一定要求的，不同的植物，适宜的土壤酸碱范围是有差别的。

1. 土壤酸碱性对土壤理化性质的影响

土壤酸碱性对土壤理化性质的影响主要表现在影响土壤结构，影响土壤孔隙和土壤水、气、热状况。特别是碱性土壤结构不良，土壤紧实，通气透水性差，肥力低下，植物根系难以生长。

2. 土壤酸碱性对植物生长的影响

不同植物由于其生物学特性有差异，对土壤 pH 值的要求也不同，但对大多数植物而言，在土壤 pH 值为 6.5～7.5 时，即中性范围时生长良好。部分花卉和观赏植物适宜在微酸性土壤中生长。

3. 土壤酸碱性对土壤养分有效性的影响

土壤酸碱性直接影响养分离子的有效性，不同的 pH 范围内，养分离子的存在形态不同，有效性也不同（见图 5—1，条带的宽窄表示各种养分有效性的高低）。

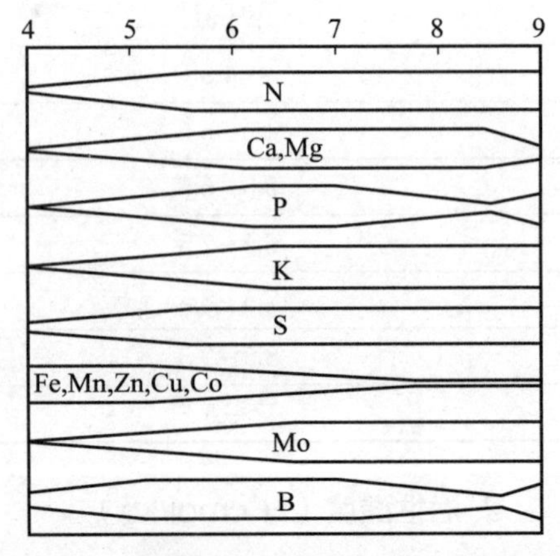

图 5—1　植物营养元素有效性与 pH 值的关系

土壤中的有机态养分要经过微生物分解，才能转化为速效养分以供植物吸收，而适合大多数微生物生活的土壤 pH 范围为微弱酸性至中性，因此一般在土壤 pH 值为 6 ~ 7 时土壤养分的有效性最高。需要特别指出的是，钼元素是在碱性条件下有效性高。

知识拓展

土壤酸碱性的野外鉴别

一看土源。山林地比较肥沃的酸性腐殖土多呈黑褐色，比较疏松、肥沃，通透性良好。如松针腐殖土、草炭腐殖土等。河流、湖泊附近的碱性土壤一般结构不良，紧实、坚硬，通透性不良。

二看土色。酸性土壤一般颜色较深，多为黑褐色，而碱性土壤颜色多呈白、黄等浅色。有些盐碱地区，冬、春季节土表经常有一层白粉状的碱性盐析出。

三看指示植物。在野外寻找土源或采掘培养土时，可以观察一下地表生长的植物，一般生长杜鹃、茶花、松树、杉类植物的土壤多为酸性土；而生长柽柳、碱草、谷子、高粱等地段的土壤多偏碱性。

四看物理性状。酸性土土质疏松，通气透水性强；碱性土土质坚硬，容易板结成大土块，通气透水性差。

五凭手感。酸性土壤握在手中有一种“松软”的感觉，松手以后，土壤容易散开，不易结块；碱性土壤握在手中有一种“坚硬”的感觉，松手以后容易结块而不散开。

六看浇水后的情形。酸性土壤浇水以后下渗较快，不冒白泡，水面较清；碱性土壤浇水后，下渗较慢，水面冒白泡，起白沫，陶土花盆外围常有一层白色的碱性物质。

七用 pH 试纸来测土壤的酸碱性。取部分土样于比色盘中，加入数滴纯净水或蒸馏水进行搅拌，静置 30 s，将试纸的一部分浸入清液，1 s 后取出，观察其颜色的变化，然后将试纸对照比色卡比较读数，若 pH 值为 6.5 ~ 7.5，土壤为中性；若 pH 值 <6.5，则偏酸性；若 pH 值 >7.5，则偏碱性。

思考与练习

1. 土壤的酸碱性产生的原因有哪些？
2. 简述土壤酸碱性类型，如何调节土壤的酸碱性？
3. 土壤酸碱性是怎样影响植物生长的？
4. 试述土壤酸碱性与土壤肥力及植物生长的关系。

实训十二　土壤酸碱性的测定

一、野外快速测量——混合指示剂比色法

在比色盘穴内（室内要保持清洁干燥，野外可用待测土壤擦拭）滴入混合指示剂 5～8 滴，各穴滴数一致，放入黄豆粒大小的待测土壤，轻轻摇动使土粒与指示剂充分接触，约 1 min 后将比色盘稍加倾斜，用盘孔边缘显示的颜色与 pH 比色卡进行比较，估读土壤的 pH 值（见图 5—2）。

混合指示剂的配制方法如下：取麝草兰（T.B）0.025 g，千里香兰（B.T.B）0.4 g，甲基红（M.R）0.066 g，酚酞 0.25 g，溶于 500 mL95%的酒精中，加同体积蒸馏水，再加入 0.1 mol/L 氢氧化钠调至草绿色即可。pH 比色卡有原配的，也可以用此混合指示剂制作。

二、便携式（笔式）pH 测定计测定

取土壤样品 10 g 放入 50～100 mL 烧杯中，加入 25 mL 蒸馏水，搅拌 1 min，静置。待上部为清液时，插入校正好的笔式 pH 测定计（见图 5—3），等数字稳定时读数即为待测土样 pH 值。重复操作一次，取平均值。如太原市森林公园所测土壤样品 pH 值为 8.1～8.3，平均 pH 值为 8.2。

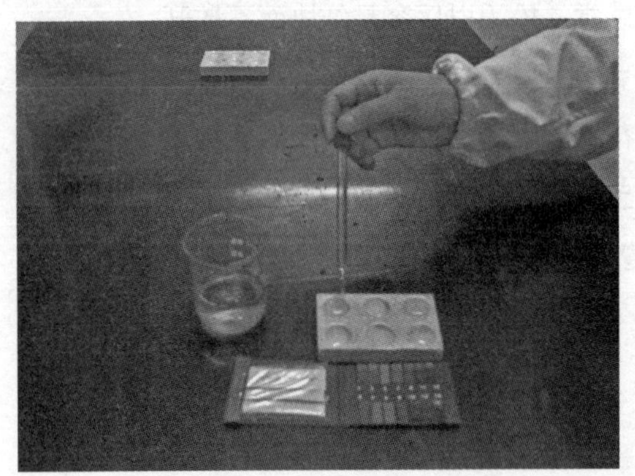

图 5—2　土壤 pH 的比色测定

图 5—3　笔式 pH 测定计

三、实验室精确测量—电位计法

1. 方法原理

以电位计法测定土壤悬液 pH 值，通用 pH 玻璃电极为指示电极，甘汞电极为参比电极。将两种电极插入待测液时构成电池反应，其间产生电位差，因为参比电极的电位是固定的，所以此电位差的大小取决于待测液的 H^+ 活度或其负对数 pH 值。因此可用电位计

先测定电动势，再换算成 pH 值，一般用酸度计可直接测读 pH 值。

2. 操作步骤

（1）称取通过 1 mm 筛孔的风干土 20 g 2 份，各放于 50 mL（或 100 mL）的烧杯中，各加入无二氧化碳蒸馏水 50 mL（此时土水比为 1 : 2.5，含有机质的土壤改为 1 : 5），间歇搅拌或振荡 30 min，静置 30 min（上层清液，下部泥浆分层）后用酸度计（见图 5—4）测定。

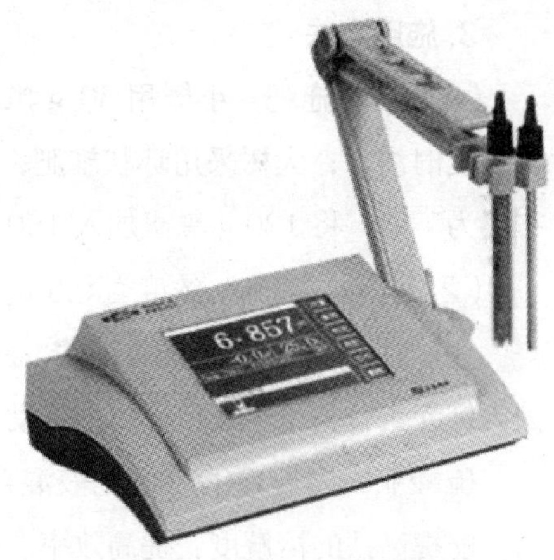

图 5—4　PHSJ—5 型酸度计

（2）将清洗过的电极浸入被测溶液，摇动烧杯使溶液均匀，稳定后的仪器读数即为该样品溶液的 pH 值。

实训十三　土壤的改良

在园林植物栽培中，往往需要在种植前就要调节好土壤酸碱性，否则会影响园林植物的栽培效果和观赏价值。

一、碱性土壤的改良

改良碱性土壤的方法通常有以下三种：一是化学改良，改良剂有石膏、黑矾（$FeSO_4 \cdot 10H_2O$）、硫黄等；二是生物改良，例如种植甜菜、向日葵等；三是工程改良，建立健全灌排系统，结合降水洗碱。

1. 确定改良剂用量

选定改良剂为硫酸亚铁（又称黑矾）。黑矾若受潮，就会氧化而变成三价铁，其有效性就会大大降低，故应密封保存，严防受潮，而且应现施现配，因为黑矾在水中也会慢慢氧化成不易被植物吸收的三价铁。

施用量不宜过大，次数不宜过勤。应选择土壤施肥结合浇灌或喷施，土壤施黑矾用量为 80～120 g/ 株；浇灌或喷施黑矾浓度为 0.3% 左右。

2. 改良剂配制

注意选用适宜的水配制黑矾，因为其在 pH 值为 7 左右的水中极易变成三价铁的氧化物沉淀，成为难以被植物利用的状态，需要在每 1 000 L 水中加进 100～200 g 磷酸二氢钾，使其变成微酸性的“改良水”（在水中滴加少量硝酸，调节 pH 值为 6～6.5 也有较好的效果）。还需每 1 000 L 水中加进 3 kg 硫酸亚铁，充分溶解后备用。

3. 施用方法

（1）土壤施肥　小树用 80 g 黑矾，加入 100 g 硫酸钾后撒施，与树盘内表土拌匀，并且及时浇水；大树采用环状施肥，以树冠在地面的垂直投影为圆周开沟，深度以根系分布层为下限，将 120 g 黑矾加入 150 g 硫酸钾，均匀撒在环状沟内，然后覆土，浇水。

（2）浇灌或喷施　浓度为 0.3% 的硫酸亚铁浇灌或喷施 2 次，2 次间隔 7 ~ 10 天。

在碱性土壤中掺施硫酸亚铁，应用时需施入适量硫酸钾等钾肥（但不宜施草木灰），因为钾元素有利于铁在植物体内移动，能提高硫酸亚铁的有效性。

硫酸亚铁同腐熟的有机肥液混合施用效果更好，因有机质的分解产物对铁有络合作用，能提高铁的溶解度，提高效率。

钙、镁、锰、铜等元素对铁有拮抗作用，会降低铁的有效性，故应严格限制这些元素的用量，在施用硫酸亚铁时最好不同时施用含这些元素的肥料。

二、酸性土壤的改良

通常使用化学方法改良酸性土壤。

1. 改良剂

酸性土壤改良剂有石灰、碱性肥料等。在我国南方，通常施用石灰进行改良。草木灰等碱性肥料可以作为钾肥来施用，起到中和土壤酸性的作用。

2. 改良剂用量

通常石灰施用量为 50 ~ 80 kg/ 亩为宜。如百合在 pH 值为 5.5 ~ 7.5 范围内的土壤中适宜种植，当土壤酸性较强时（pH 值 <5.5），需在耕前每亩施石灰粉 50 kg。

第六章

园林植物营养及施肥技术

植物必需营养元素应符合以下三个条件：一是完成生命周期不可缺少；二是其作用其他元素不可替代；三是对植物起直接的营养作用。根据以上三条原则，确定了以下16种高等植物必需营养元素：碳、氢、氧、氮、磷、钾、钙、镁、硫、铁、锰、硼、铜、锌、钼、氯。其中：大量元素（>0.1%）有碳、氢、氧、氮、磷、钾、硫、钙、镁共9种，微量元素（<0.1%）有铁、锰、硼、锌、铜、钼、氯共7种。尤其是氮、磷、钾3种元素，由于作物对其需要量比较多，而土壤中可提供的有效量相对比较少，必须通过施肥才能满足作物生长的需要。因此将氮、磷、钾称为“作物营养三要素”或者“肥料三要素”。

第一节

大量营养元素氮、磷、钾

教学目标

◇了解植物必需营养元素氮、磷、钾的分布及营养功能
◇掌握植物必需营养元素氮、磷、钾的丰缺诊断方法
◇掌握土壤速效氮的测定方法
◇掌握土壤速效磷的测定方法

土壤中植物必需的营养元素一般含量较少，而且很不平衡，再加上植物的吸收会使土壤养分含量越来越低，尤其是氮、磷、钾的供需矛盾尤为突出。要使植物保持良好的生长并且具有较高的观赏价值，必须掌握植物营养诊断的知识和测定技术，进行合理施肥。

一、氮的营养功能及丰缺诊断

1. 氮的分布及营养功能

植物需要多种营养元素，其中氮元素尤为重要。在所有必需营养元素中，氮是限制植物生长和形成产量的首要因素，特别是其对促进植物营养生长，改善产品品质作用明显。对于园林植物来说，氮元素供应充足，可以明显提高观叶植物的观赏价值。植物吸收氮的主要形态是 NO_3^- 和 NH_4^+。

一般植物含氮量约占作物体干重的 0.3%～5%，平均 1.5%。而具体含量的多少与作物种类、器官、发育阶段有关。

不同的植物含氮量不同。豆科作物含有丰富的蛋白质，含氮量也高。按干重计算，大豆植株中含氮 2.49%、紫云英植株含氮 2.25%，而禾本科作物一般含氮量较低，大多在 1% 左右。即使是相同种类作物的不同品种，其含氮量也有明显差异。

植物体内氮元素主要存在于蛋白质和叶绿素中。因此，幼嫩器官和种子中含氮量较高，而茎秆含量较低，尤其是老熟的茎秆含氮量更低。如豆科作物籽粒含氮 4.5%～5%，而茎秆含氮仅为 1%～1.4%，根系则更少。玉米也有相同的趋势，叶片含氮 2.0%，籽粒含氮 1.5%，茎秆含氮 0.7%，根系含氮不足 0.5%。

同一作物的不同生育时期，含氮量也不相同。如水稻，分蘖期含氮量明显高于苗期，通常分蘖盛期含量达最高峰，其后随生育期推移而逐渐下降。在各生育期中，作物体内氮元素的分布在不断变化。在营养生长阶段，氮元素大部分集中在茎叶等幼嫩的器官中；转入生殖生长时期以后，茎叶中的氮元素就逐步向籽粒、果实、块根或块茎等储藏器官中转移；成熟时，大约有 70% 的氮元素已转入种子、果实、块根或块茎等储藏器官中。

应该指出，作物体内氮元素的含量与分布明显受氮肥施用水平和施用时期的影响。随施氮量的增加，作物各器官中氮的含量均有明显提高。通常是营养器官的含量变化大，生殖器官的含量变化较小；但生长后期施用氮肥，则表现为生殖器官中含氮量明显上升。

2. 植物缺氮症状与供氮过多的危害

（1）植物缺氮的症状　植物缺氮的显著特征是植株下部老叶片首先褪绿黄化，然后逐渐向上部叶片扩展。当植物下部（老）叶片出现淡绿色或黄色时，即表示作物有可能缺氮。植物缺氮时，由于蛋白质合成受阻，导致蛋白质和酶的数量下降；又因叶绿体结构遭破坏，叶绿素合成减少而使叶片黄化（见彩图 1）。这些变化致使植株生长过程延缓，苗期植株生长受阻而显得矮小、瘦弱，叶片薄而小，籽粒不饱满，减产。园林植物，特别是观赏植物缺氮，会导致其观赏价值降低甚至丧失。

（2）氮过多的危害　供应充足的氮元素能促使植物叶片和茎加快生长，然而，必须有适量的磷、钾和其他必需元素的协调供应，否则氮元素相对过多会造成营养生长过旺，导致茎秆柔弱，木质化程度低，强度不够，容易倒伏折断而导致减产；氮元素过多还会造成枝梢脆嫩，抗寒性减弱，容易遭受早霜的冻害，许多园林植物因此不能安全越冬；对于某些水果来说，过量施氮肥因含氮量过高而导致含糖量下降，降低果品的口感和品质，不耐储存、运输；大量施用氮肥还会提高植物体内硝酸盐的含量，而硝酸盐过多会对人类健康产生危害。

二、磷的营养功能及丰缺诊断

1. 磷的分布及营养功能

植物体的含磷量相差很大，约为干物重的 0.2%～1.1%，而大多数作物的含量在 0.3%～0.4%，其中有机态磷约占全磷量的 85%，无机态磷约占全磷量的 15%。

不同的植物种类，同一植物的不同生长时期，含磷量也有差异。一般的规律是：油料作物＞豆科作物＞谷类作物；就器官来说，则表现为幼嫩器官＞衰老器官，繁殖器官＞营养器官；种子＞叶片，叶片＞根系，根系＞茎秆；纤维中含磷量最少。当土壤有效磷含量高时，植物的含磷量也略高于缺磷土壤中植物的含磷量。因为磷的再利用程度高，在植物缺磷时，老叶中的磷可运往新生叶片中再被利用。此外，某些植物还能分泌有机酸，使根际土壤酸化，从而提高土壤磷的有效性，使植物能吸收到更多的磷。

磷是植物生长发育不可缺少的营养元素之一，它既是植物体内许多重要有机化合物的组分，同时又以多种方式参与植物体内的各种代谢过程。磷能促进有机养分向果实集中，对作物高产及保持品种的优良特性有明显作用；可以提高植物抗逆性和适应能力，有利于增强植物的抗旱和抗寒能力；可以提高果实的含糖量，使花色艳丽，提高观花、观果植物的观赏价值。

2. 植物缺磷症状与供磷过多的危害

（1）缺磷症状　由于磷是许多重要化合物的组分，并广泛参与各种重要的代谢活动，因此缺磷的症状相当复杂。缺磷对植物光合作用、呼吸作用及生物合成过程都有影响。磷供应不足时，细胞分裂迟缓，新细胞难以形成，同时也影响细胞伸长，影响植物的营养生长。植株缺磷症状主要表现为生长延缓、植株矮小、分枝或分蘖减少。从外观上看，植物缺磷的症状首先出现在老叶上，在缺磷初期叶片常呈暗绿色，下部老叶叶片失去光泽，当年生嫩枝和茎缺磷症还表现为枝条细弱，老叶上出现枯斑或红褐斑。缺磷严重时，常出现茎及叶柄呈紫色或紫红色的典型缺磷症状（见彩图 2），新梢停止生长，果实皮粗而厚。酸性强的土壤和石灰性土壤易出现缺磷症状。防治方法是对叶面喷施 0.2%～0.5% 的磷酸二氢钾，见效快，效果好（见彩图 3）。对易发生缺磷症状的酸性土壤和石灰性土壤，施用磷肥时，最好与有机肥料混合堆制后施于根层。

（2）供磷过多　施用磷肥过量时，也会产生不良影响。例如，叶片肥厚而密集，叶色浓绿；植株矮小，节间过短；出现生长明显受抑制的症状。繁殖器官常因磷肥过量而加速成熟进程，并由此而导致果实缩小，茎叶生长受抑制，产量降低。施磷肥过多还表现为植株地上部分与根系生长比例失调，在地上部生长受抑制的同时，根系却非常发达，根量极多且短粗，这会诱发锌、锰等元素代谢的紊乱，常常导致植物缺锌，出现“小叶病”等症状。

三、钾的营养功能及丰缺诊断

1. 钾的分布及营养功能

钾不仅是植物生长发育所必需的营养元素，而且是肥料三要素之一。许多植物需钾量都很大，它在植物体内的含量仅次于氮。钾对提高农作物产量和改善农产品品质均有明显的作用，而且还能提高植物适应外界不良环境的能力，因此它有品质元素和抗逆元素之称。

（1）植物体内钾的含量与分布特点　一般植物体内的含钾量（K_2O）占干物重的 0.3%~0.5%，有些作物含钾量比氮高。植物体内的含钾量常因作物种类和器官的不同而有很大差异。通常，含淀粉、糖等碳水化合物较多的植物含钾量较高（见表 6—1）。就不同器官来看，谷类作物种子中钾的含量较低，而茎秆中钾的含量则较高。此外，薯类作物的块根、块茎的含钾量也比较高。

表 6—1　主要农作物不同部位中钾的含量

作物	部位	K_2O（mg/kg）	作物	部位	K_2O（mg/kg）
小麦	籽粒	0.61	水稻	籽粒	0.30
	茎秆	0.73		茎秆	0.90
棉花	籽粒秆	0.90	马铃薯	块茎	2.28
	茎秆	1.10		叶片	1.81
玉米	籽粒	0.40	糖用甜菜	根	2.13
	茎秆	1.60		茎叶	5.01
谷子	籽粒	0.20	烟草	叶片	4.10
	茎秆	1.30		茎	2.80

来源：彭克明，裴保义 . 农业化学总论 [M]. 北京：中国农业出版社，1990

钾在植物体内流动性很强，易于转移至地上部，并且有随植物生长中心转移而转移的特点，能被植物多次反复利用。当植物体内钾不足时，钾优先分配到较幼嫩的组织中。因此，在幼芽、幼叶和根尖中，钾的含量十分丰富。

（2）钾的主要营养功能　钾有高速度透过生物膜且与酶促反应关系密切的特点。钾不仅在生物物理和生物化学方面有重要作用，而且对体内同化产物的运输和能量转变也有促进作用。

1）促进光合作用，提高二氧化碳的同化率。许多试验证明，供钾充足时，钾能促进叶绿素的合成；能改善叶绿体的结构；能促进叶片对二氧化碳的同化，提高二氧化碳同化的速率。钾不仅能促进二氧化碳的同化，而且能促进植物在二氧化碳浓度较低的条件下进行光合作用，使植物更有效地利用太阳能。

2）促进光合作用产物的运输。钾能促进光合作用产物向储藏器官运输。特别应该指出的是，钾在光合产物由叶肉细胞扩散到组织细胞内，然后被泵入韧皮部筛管这一运输过程中起到重要作用。

3）促进蛋白质合成。钾能够促进蛋白质和谷胱甘肽的合成。当供钾不足时，植物体内蛋白质的合成减少，可溶性氨基酸含量明显增加。

4）参与细胞渗透调节作用。钾对调节植物细胞的水势有重要作用。细胞内钾离子浓度较高时，吸收的渗透势也随之增大，促进细胞吸收水分，使细胞充水膨胀。幼嫩组织需钾量高的原因之一就在于钾能维持胶体处于正常状态以及保持细胞有较高的水势梯度。

5）增强植物的抗逆性。钾有多方面的抗逆功能，它能增强作物的抗旱、抗高温、抗寒、抗病、抗盐、抗倒伏等的能力，从而提高其抵御外界恶劣环境的忍耐能力。这对作物稳产、高产有明显作用。

钾还能明显改善作物的品质，其对作物品质的改善不仅表现在提高产品的营养成分，而且也表现在延长产品的储存期，更耐搬运和运输上，特别是对于水果和蔬菜来说，钾能使其产品以更好的外观上市，使水果的色泽更鲜艳，汁液含糖量增加，酸度有所改善。据湖南省土壤肥料研究所测定，施钾较不施钾的植物籽粒中胱氨酸、蛋氨酸、酪氨酸、色氨酸、淀粉和可溶性糖的含量都有所增加（见表6—2）。

表6—2　　施钾对大麦品质的影响（湖南省土壤肥料研究所）

处理	胱氨酸	蛋氨酸	酪氨酸	色氨酸	淀粉	可溶性糖
氮、磷	0.18	0.14	0.36	0.121	44.9	9.36
氮、磷、钾	0.20	0.20	0.42	0.135	46.5	10.40

来源：何佳芳，孙芳．不同氮钾水平对马铃薯产量及钾素吸收的影响[J]. 四川：西南农业学报，2012，25（2）:562-565

钾肥用量过多会造成作物奢侈吸收，即作物吸收量大大增加，超过作物实际需钾量，而且这些养分对提高产量没有帮助，显然是一种浪费现象。

2. 植物缺钾的一般症状

在电子显微镜下观察，植物缺钾时细胞形态有明显变化，其组织中常出现细胞解体，死细胞很多。缺钾时，植物外形也有明显的变化。由于钾是植物体内流动性最强的元素，能从成熟叶和茎中流向幼嫩组织进行再分配，因此植物生长早期，不易观察到缺钾症状，即处于潜在性缺钾阶段。此时往往使植物生活力和细胞膨压明显降低，表现出植株生长缓慢、矮化。缺钾症状通常在植物生长发育的中、后期才表现出来。严重缺钾时，植株首先在植株下部老叶上出现失绿并逐渐坏死，呈焦枯状（见彩图 4）。缺钾时，双子叶植物叶脉间先失绿，沿叶缘开始出现黄化或有褐色的斑点或条纹，并逐渐向叶脉间蔓延；单子叶植物叶尖先黄化，开花受抑制，随后逐渐枯萎（见彩图 5）。

植物缺钾时，根系生长明显停滞，细根和根毛生长很差，易出现根腐病。缺钾植株的维管束木质化程度低，厚壁组织不发达，常表现出组织柔弱而易倒伏，越冬植物易受冻害。缺钾的植物叶片气孔不能开闭自如，因此在水分胁迫的条件下，尤其是高温、干旱的季节，植株失水多而出现萎蔫。在供氮过量而钾不足时，双子叶植物叶片上，常会出现叶脉紧缩而脉间凹凸不平的现象。这是由于氮充足使细胞内原生质汁液丰富，钾不足使纤维素合成受阻所致。

思考与练习

1. 植物必需营养元素应符合的条件有哪些？
2. 为什么植物缺素症有的表现在老叶片上，有的表现在新叶片上？（举例说明）
3. 为什么说钾是抗逆元素？
4. 简述植物氮、磷、钾的缺素症。

实训十四　土壤水解氮的测定（碱解扩散法）

一、方法原理

土壤水解氮或称碱解氮包括无机态氮（铵态氮、硝态氮）及易水解的有机态氮（氨基酸、酰铵和易水解蛋白质）。用碱液处理土壤时，硝态氮先经硫酸亚铁还原转化为铵，再与易水解的有机氮及铵态氮一起转化为氨。用硼酸吸收氨，再用标准酸滴定，计算水解氮含量。

二、主要仪器及试剂配制

1. 仪器

扩散皿、半微量滴定管（5 mL）和恒温箱。

2. 试剂

（1）1.2 mol/L 氢氧化钠　称取 48 g 氢氧化钠溶于水中，冷却后稀释至 1 L。

（2）2%硼酸指示剂溶液　称取硼酸 20 g 加水 900 mL，稍稍加热溶解，冷却后，加入混合指示剂 20 mL（0.099 g 溴甲酚绿和 0.066 g 甲基红溶于 100 mL 乙醇中）。然后以 0.1 mol/L 氢氧化钠调节溶液至紫红色（pH 值约为 5），最后加水稀释至 1 000 mL，混合均匀贮于瓶中。

（3）0.005 mol/L 硫酸标准液　取浓硫酸 1.42 mL，加蒸馏水 5 000 mL，然后用标准碱或硼砂（$Na_2B_4O_7 \cdot 10H_2O$）标定。

（4）碱性甘油　加 40 g 阿拉伯胶和 50 mL 水于烧杯中，温热至 70～80℃搅拌加快溶解，冷却约 1 h，加入 20 mL 甘油和 30 mL 饱和碳酸钾水溶液，搅匀放冷，离心除去泡沫及不溶物，将清液贮于玻璃瓶中备用。

（5）硫酸亚铁粉　硫酸亚铁（$FeSO_4 \cdot 7H_2O$）（三级以上）磨细，装入玻璃瓶中（易氧化，使用前制备）。

三、操作步骤

称取通过 1 mm 筛孔的风干土样 2 g（精确到 0.01 g）和硫酸亚铁粉剂 0.2 g 均匀铺在扩散皿外室，水平地轻轻旋转扩散皿，使土样铺平。在扩散皿的内室中，加入 2 mL 2%含指示剂的硼酸溶液，然后在扩散皿的外室边缘涂上碱性甘油，盖上毛玻璃并旋转，使毛玻璃与扩散皿边缘完全黏合，再慢慢转开毛玻璃的一边，使扩散皿露出一条狭缝，迅速加入 10 mL 1.2 mol/L 氢氧化钠溶液于扩散皿的外室中，立即将毛玻璃旋转盖严，在实验台上水平地轻轻旋转扩散皿，使溶液与土壤充分混匀，并用橡皮筋固定，随后小心放入 40℃的恒温箱中。24 h 后取出，用微量滴定管以 0.005 mol/L 的硫酸标准液滴定扩散皿内室硼酸液吸收的氨量，直至颜色由蓝色变为紫红色。

另取一扩散皿，做空白试验，不加土壤，其他步骤与有土壤的相同。

四、结果计算

$$土壤中水解氮（mg/kg）= \frac{C \times (V - V_0) \times 14}{W} \times 1\,000$$

式中　C——硫酸标准液的浓度；

V——样品测定时用去硫酸标准液的体积；

V_0——空白测定时用去硫酸标准液的体积；

14——氮的摩尔质量；

1 000——换算系数；

W——土壤质量，g（以烘干土重计）。

参考指标见表 6—3。

表 6—3　　土壤水解氮丰缺指标

土壤水解氮（mg/kg）	等级
< 25	极低
25～50	低
50～100	中等
100～150	高

五、注意事项

在测定过程中碱的种类和浓度、土液比例、水解的温度和时间等因素对测得值的高低，都有一定的影响。为了得到可靠的、能相互比较的结果，必须严格按照规定的条件进行测定。

实训十五　土壤中速效磷的测定（碳酸氢钠法）

了解土壤中速效磷的供应状况，对于施肥有着直接的指导意义。土壤中速效磷的测定方法很多，由于提取剂的不同所得结果也不一样。一般情况下，石灰性土壤和中性土壤采用碳酸氢钠提取，酸性土壤采用酸性氟化铵提取。

一、方法原理

中性、石灰性土壤中的速效磷，多以磷酸一钙和磷酸二钙状态存在，用 0.5 mol/L 碳酸氢钠溶液可将其提取到溶液中，然后将待测液用钼锑抗混合显色剂在常温下进行还原，使黄色的锑磷钼杂多酸还原成为磷钼兰进行比色。

二、主要仪器及试剂配制

1. 仪器

往复式振荡机，721 型分光光度计或光电比色计。

2. 试剂

（1）0.5 mol/L 碳酸氢钠浸提剂（pH 值为 8.5） 称取 42 g 碳酸氢钠溶于 800 mL 水中，稀释至 990 mL，用 4 mol/L 氢氧化钠溶液调节 pH 值至 8.5，然后稀释至 1 L，保存于瓶中，如超过一个月，使用前应重新校正 pH 值。

（2）无磷活性炭粉 将活性炭粉用 1：1 盐酸浸泡过夜，然后用平板漏斗抽气过滤，用水洗净，直至无盐酸为止，再加入 0.5 mol/L 碳酸氢钠溶液浸泡过夜，在平板漏斗上抽气过滤，用水洗净碳酸氢钠，最后检查至无磷为止，烘干备用。

（3）钼锑抗试剂 称取酒石酸锑钾（$KSbOC_4H_4O_6$）0.5 g，溶于 100 mL 水中，制成 5%的溶液。

另称取钼酸铵 20 g 溶于 450 mL 水中，再缓慢加入 208.3 mL 浓硫酸，边加边搅动，再将 0.5%的酒石酸锑钾溶液 100 mL 加入到钼酸铵溶液中，最后加至 1 升，充分摇匀，贮存于棕色瓶中，此为钼锑混合液。

临用前（当天）称取 1.5 g 左旋抗坏血酸溶液于 100 mL 钼锑混合液中，混匀。即为钼锑抗试剂（有效期 24 h，如贮于冰箱中，则有效期较长）。

（4）磷标准溶液 称取 0.439 g 磷酸二氢钾（105℃烘干 2 h）溶于 200 mL 水中，加入 5 mL 浓硫酸，转入 1 L 量瓶中，用水定容，此为 100 mg/kg 磷标准液，可保存较长时间。取此溶液稀释 20 倍即为 5 mg/kg 磷标准液，此液不宜久存。

三、操作步骤

称取通过 1 mm 筛孔的风干土 2.5 g（精确到 0.01 g）于 250 mL 三角瓶中，加 50 mL 0.5 mol/L 碳酸氢钠溶液，再加一角匙无磷活性炭，塞紧瓶塞，在 20~25℃条件下振荡 30 min，取出后用干燥漏斗和无磷滤纸过滤于三角瓶中，同时做试剂的空白试验。吸取滤液 10 mL 于 50 mL 量瓶中，用钼锑抗试剂 5 mL 显色，并用蒸馏水定容，摇匀，在室温高于 15℃的条件下放置 30 min，用红色滤光片或 660 nm 波长的光进行比色，以空白溶液的透光率为 100（即光密度为 0），读出测定液的光密度，在标准曲线上查出显色液的磷浓度（mg/kg）。

标准曲线制备：吸取含磷 5 mg/kg 的标准溶液 0、1、2、3、4、5、6 mL，分别加入 50 mL 容量瓶中，加 0.5 mol/L 碳酸氢钠液 10 mL，加水至 30 mL，再加入钼锑抗试剂

5 mL，摇匀，定容，即得 0、0.1、0.2、0.3、0.4、0.5、0.6 mg/kg 磷标准系列溶液，与待测溶液同时比色，读取吸收值，在方格坐标纸上以吸收值为纵坐标，数值为横坐标，绘制成标准曲线。

四、结果计算

$$\text{土壤中速效磷（mg/kg）}=\frac{\text{显色液磷浓度（mg/kg）}\times\text{显色液体积}\times\text{分取倍数}}{\text{烘干土重（g）}}$$

显色液磷浓度：从工作曲线查得显色液的磷数。

显色液体积：50 mL。

$$\text{分取倍数}=\frac{\text{浸提液总体积（50 mL）}}{\text{吸取浸出液毫升数}}$$

0.5 mol/L 碳酸氢钠法测定土壤速效磷丰缺指标（参考）见表 6—4。

表 6—4　　土壤速效磷丰缺指标（参考）

土壤速效磷数（mg/kg）	等级
<5	低
5～10	中
>10	高

第二节
微量元素

教学目标

◇了解植物体内微量元素的分布及营养功能

◇明确微量元素的有效性与植物吸收形态

◇掌握微量元素缺素症状观察及描述的步骤与方法

◇掌握植物各微量元素缺乏的主要症状

◇掌握植物营养液的配制及使用方法

植物体内微量元素（铁、锰、硼、锌、铜、钼、氯）含量很少，含量在 0.1% 以下，需求量也很少，但缺少任何一种微量元素，植物都会出现缺素症，导致生长异常，甚至完成不了生活周期。土壤中的微量元素分布很不平衡，有效性高低不一，植物生长过程中容易出现失调症。这就要求从事园林植物栽培养护的人员了解植物体内微量元素的分布及营养功能，掌握微量元素缺素症的诊断方法，采用针对性措施，使养分平衡，确保植物正常健壮生长。

一、铁

1. 铁的分布及营养功能

大多数植物的含铁量在100～300 mg/kg（干重）之间，并且常随植物种类和植株部位的不同而有差异。某些植物含铁量较高，如菠菜、绿叶甘蓝、枣等，一般均在100 mg/kg（干重）以上，最高可达800 mg/kg（干重）。

一般情况下，豆科植物的含铁量高于禾本科植物。植株不同部位的含铁量也不相同，如禾本科植物秸秆含铁量高于籽粒，而谷粒、块茎中的含铁量则比较低；枣树树干中常有大量铁的沉淀，果实中含铁量很高，而叶片中含铁量却很低，新生叶片甚至会出现缺铁症状。

植物吸收铁的主要形式是Fe^{2+}，螯合态铁也可以被吸收，Fe^{3+}在高pH值条件下溶解度很低，多数植物都难以利用。有资料表明，除禾本科植物可以吸收Fe^{3+}外，其他植物只有当Fe^{3+}被还原成Fe^{2+}以后才能被吸收。植物根尖吸收铁的速率比根基部高。许多离子能影响植物根系对铁的吸收，如Mn^{2+}、Cu^{2+}、Mg^{2+}、K^{+}、Zn^{2+}等，它们与Fe^{2+}有明显的竞争作用。例如Cu^{2+}和Zn^{2+}可从螯合物中置换出Fe^{2+}而形成相应的Cu^{2+}和Zn^{2+}的螯合物，置换出的Fe^{2+}在土壤中很容易被固定，使其有效性降低，从而限制了植物对这部分铁的吸收和利用。因此，一般用有效铁作为缺铁诊断指标。

当Fe^{2+}被根系吸收后，在大部分根细胞中可氧化成Fe^{3+}，并被柠檬酸螯合，通过木质部运输到地上部。由于铁在韧皮部的移动性很低，因此，植物的新生组织容易出现缺铁症状。为了保证新生组织对铁的需要，对在缺铁土壤上生长的植物，特别是园林观赏植物应经常适量补充铁营养。

在多种植物体内，大部分铁存在于叶绿体中，如菠菜叶片中就有75%的铁集中在叶绿体中。铁虽然不是叶绿素的组成成分，但叶绿素的合成需要有铁的存在。在叶绿素合成时，铁是一种或多种酶的活化剂。通过电子显微镜观察发现，缺铁时叶绿体结构被破坏，从而导致叶绿素不能形成。

由于缺铁影响叶绿素的合成，而且铁在韧皮部的移动性很低，所以缺铁后老叶中的铁很难再转移到新生的幼叶中去，使新生的幼叶出现缺铁失绿症。这与氮、磷、钾等缺素症状完全不同。

2. 植物缺铁症状

植物缺铁总是从幼叶开始。典型的症状是在叶片的叶脉间和细胞网状组织中出现失绿现象，在叶片上往往明显可见叶脉深绿而脉间黄化，黄绿相间，相当明显。严重缺铁时，叶片上出现坏死斑点，叶片逐渐枯死（见彩图 6 和彩图 7）。

由于植物种类不同，它们的缺铁临界浓度也有差异，通常水稻是 80 mg/kg，棉花是 30～50 mg/kg，玉米则仅为 15.2 mg/kg。

二、铜

1. 铜的分布及营养功能

植物需铜数量不多。大多数植物的含铜量在 5～25 mg/kg（干重），多集中于幼嫩叶片、种子胚等生长活跃的组织中，而茎秆和成熟的叶片中较少。植物含铜量常因植物种类、植株部位、成熟状况、土壤条件等因素而有变化，且不同种类作物体内的含量差异很大。一般豆科作物含铜量高于谷类作物。大豆幼苗期含铜量较少，而结荚期叶片和果荚中铜的含量高于茎。玉米整个生育期的含铜量都比较平稳，但不同部位仍有明显差异，通常是叶片中的含铜量大于茎秆，而且茎秆上部含铜量高于基部。铜在叶片中的分布是均匀的，这一点和锰不同。在叶细胞的叶绿体和线粒体中都含有铜，约有 70% 的铜结合在叶绿体中，因此，叶绿体中含铜量比较高。植物根系中铜的含量往往比地上部高，尤其是根尖。植物地上部中种子和生长旺盛部位含铜量较高。铜的移动取决于植物体内铜的营养水平，供应充足时，铜较易移动；供应不足时，则不易移动。铜还可以促进花器官的发育，供应充足时，花大而艳丽。洛阳牡丹之所以有名，就是因为土壤中铜和锰分布较多，含量丰富（见图 6—1）。

图 6—1　洛阳牡丹

2. 植物缺铜与铜中毒的症状

（1）缺铜症状　当植物体内铜的含量小于 4 mg/kg 时，就有可能出现缺铜症状。缺铜症状通常从叶尖开始，顶端叶片逐渐变白，叶片卷曲，严重时呈纸捻状；籽粒不饱满，甚至不结实。果树缺铜，叶和果实均褪色。严重时顶梢枯死，并逐渐向下扩展。果树在开花结果的生殖生长阶段对缺铜更加敏感。

缺铜常有一个明显的特征，即植物花的颜色发生褪色现象，如蚕豆缺铜时，花的颜色由原来的深红褐色变为白色，严重时会出现“蕾而不花”现象（见彩图 8）。各种植物对缺铜的敏感程度不同，单子叶植物如大麦、小麦、燕麦、玉米等对铜比较敏感，而双子叶植物对铜的敏感性较差。不过对于某些双子叶植物，如烟草、花生、甜菜、胡萝卜、柑橘等，施用铜肥也常有良好的效果。实践证明，燕麦和小麦对铜极为敏感，它们是判断土壤是否缺铜最理想的指示作物。

（2）**铜中毒症状** 对于一般作物来讲，含铜量大于 20 mg/kg 时，作物就可能出现铜中毒。铜中毒的症状表现为新叶失绿，老叶坏死，叶柄和叶的背面出现紫红色。从外部特征看，铜中毒很像缺铁，这可能是由于铜过多时会引起铜从生理重要中心置换出其他的金属离子（如铁等）。植物对铜的忍耐能力有限，铜过量很容易引起毒害。例如，玉米虽是对铜敏感的作物，但铜过多时，也易发生中毒现象。此外，菜豆、苜蓿、柑橘等对大量铜的忍耐力都较弱。铜对植物的毒害首先表现在根部，因为植物体内过多的铜主要集中在根部，具体表现为主根的伸长受阻，侧根变短。许多研究者认为，过量铜对质膜结构有损害，从而导致根内大量物质外溢。

三、锌

1. 锌的分布及营养功能

植物正常含锌量为 25～150 mg/kg（干重）。其含量常因植物种类及品种的不同而有差异。植物各部位的含锌量也不相同，一般多分布在茎尖和幼嫩的叶片中。据中国科学院植物研究所的试验结果表明，正常番茄植株顶芽含锌量最高，叶片次之，茎最少，整个植株中锌的分布呈由下而上逐渐递增的趋势。植物根系的含锌量常高于地上部分，供锌充足时，锌可在根中累积，而其中一部分属于奢侈吸收，锌主要以 Zn^{2+} 形式被吸收。通常作物含锌量低于 20 mg/kg 时就有可能出现缺锌症状。植物缺锌时，老叶中的锌可向较幼小的叶片转移，只是转移率较低。

锌参与呼吸作用及多种物质代谢过程。现已发现锌在植物体内的主要功能之一是参与生长素的代谢，是许多酶的组分，也是许多酶的活化剂。缺锌会引起植物体内硝酸还原酶和蛋白酶活性降低，因此锌间接影响生长素的形成。缺锌时植物茎的伸长速率降低，植物的光合作用效率也大大降低。锌与蛋白质代谢有密切关系，缺锌时蛋白质合成受阻，影响植物蛋白态氮的含量。

锌能促进生殖器官发育和提高抗逆性。锌和铜一样，是种子中含量比较高的微量元素，而且主要集中在胚中。澳大利亚进行的试验表明，给三叶草增施锌肥，其营养体产量可增加 1 倍，而种子和花的产量可增加近 100 倍，这足以证明锌对繁殖器官的形成和发育起到重要作用。

锌可增强植物对不良环境的抵抗力。它既能提高植物的抗旱性，又能提高植物的抗热性。缺锌时，植物的蒸腾效率降低。锌在供水不足和高温条件下，能增强光合作用强度，提高光合作用效率。锌还能提高植物抵抗低温或霜冻的能力，因而有助于作物抵御霜冻侵害，保证植物安全越冬。

2. 植物缺锌与锌中毒的症状

缺锌时，植物生长受抑制，生长发育出现停滞状态，尤其是节间生长严重受阻，其典型表现是叶片变小、节间缩短等症状，通常称为“小叶病”或“簇叶病”（见彩图 9）。植物缺锌时，叶绿体内的膜系统易遭破坏，叶绿素形成受阻，因而表现出叶片的脉间失绿或白化症状。植物生长出现障碍与缺锌时植物体内生长素浓度降低有关。缺锌的单子叶植物叶片表现为与叶脉平行的叶肉组织变薄，叶片中脉的两侧出现失绿条纹。双子叶植物缺锌时，其典型症状是节间变短、植株生长矮化，且叶片失绿，有时叶片不能正常展开。果树缺锌，既影响叶片生长，又影响枝条正常伸长，使节间变得很短。例如苹果树缺锌时表现为叶片狭小，丛生呈簇状，树皮显得粗糙易碎。植物缺锌症状往往与体内生长素合成受阻有关。

植物对缺锌的敏感程度常因其种类不同而有很大差异。禾本科植物中玉米和水稻对锌最为敏感，通常可作为判断土壤有效锌丰缺的指示作物。多年生果树对锌也比较敏感，如柑橘、葡萄、桃和苹果等。缺锌对果实品质的影响较大，试验表明，施用锌肥可使蜜柑果皮光滑，果实大而均匀，果实的可食部分全糖含量、固形物均比施用前有所提高。

一般来说，含锌量大于 400 mg/kg 时，植物就会出现锌中毒症状，锌中毒症状类似于缺磷症状。与其他微量元素相比，锌的毒性较小，作物的耐锌能力较强，但锌肥有后效，长期施用时，应对土壤中锌的状况做必要的监测，以免过量施用对植物造成毒害。

四、硼

1. 硼的分布及营养功能

植物体内硼的含量变幅很大，含量低的只有 2 mg/kg，含量高的可达 100 mg/kg。一般来说，双子叶植物的需硼量高于单子叶植物，具有乳汁的双子叶植物，如麒麟掌的含硼量更高。谷类作物需硼量较少，一般不易缺硼，而双子叶植物因具有较大数量的形成层和分生组织，需硼量比谷类作物多得多，所以容易缺硼。

植物体内硼的分布规律是：繁殖器官高于营养器官，叶片高于枝条，枝条高于根系。

硼比较集中地分布在子房、柱头等花器官中，因为它对繁殖器官的形成有重要作用。硼在植物体中的移动性与植物的种类有关。根据硼在植物体中移动性的大小可把植物分成两大类：一类是以山梨醇、甘露醇等为同化产物运输形式的植物，如梨、苹果、樱桃、杏、桃、李等果树类。在这些植物中，硼容易与山梨醇、甘露醇等物质形成稳定的复合物，并随这些光合产物运输到植物的其他部位，所以在这些植物中，硼的移动性大；另一类是不含这些物质的植物，在这些植物中硼的移动性小，所以缺硼症状主要表现在这些植物的幼嫩部位。

硼能促进植物花粉的萌发和花粉管的伸长，减少花粉中糖的外渗。人们早就发现，植物的生殖器官，尤其是花的柱头和子房中硼的含量很高。

硼能够促进植物体内碳水化合物的运输和代谢。供硼充足时，糖在体内运输就顺利；供硼不足时，则会有大量糖类化合物在叶片中积累，使植株顶部生长停滞，叶片变厚、变脆，甚至畸形。

2. 植物缺硼与硼中毒的症状

因硼具有多方面的营养功能，植物的缺硼症状也是多种多样。缺硼植物的共同特征可归纳为四点。

（1）缺硼引起茎秆黑心腐烂、易折，茎尖生长点生长受抑制，严重时枯萎，甚至造成生长点死亡（见彩图 10）。

（2）缺硼导致植物生殖器官发育受阻，出现“花而不实”，棉花出现的“蕾而不花”，结实率低，果实小，畸形，种子和果实减产等现象。

（3）缺硼导致老叶片变厚、变脆、畸形，枝条节间缩短。

（4）缺硼影响根的生长发育，根短粗兼有灰褐色。

硼中毒的症状多表现在成熟叶片的尖端和边缘黄化，呈金边叶（见彩图 11）。当植物幼苗含硼过多时，可通过吐水方式向体外排出部分硼。

五、锰

1. 锰的分布及营养功能

植物体内锰含量的变化幅度很大，它在植物体内的移动性不大。植物主要吸收的是 Mn^{2+}，当植物缺锰时，一般是中等叶龄的叶片最易出现症状，而不是最幼嫩的叶片。在单子叶植物中锰的移动性高于双子叶植物，所以谷类作物缺锰症状常出现在老叶上。植物吸收锰常受环境条件的影响，尤其是受土壤 pH 值的影响较大。在 $pH>7$ 的土壤上，易缺锰，植物含锰量低（一般在 100 mg/kg 干重以下）；在 $pH<7$ 的土壤上，锰有效性高，植物的含锰量偏高，可达 700 mg/kg，有时甚至可超过 1 600 mg/kg，从而使植物发生锰中毒。

锰在植物代谢过程中的作用是多方面的，如直接参与光合作用，促进氮素代谢，调节植物体内氧化还原状况等，而这些作用往往是通过锰对酶活性的影响来实现的。锰直接参与光合作用，是维持叶绿体结构所必需的微量元素。在所有细胞器中，叶绿体对缺锰最为敏感。叶绿体中，锰与蛋白质结合形成酶蛋白，是光合作用中不可缺少的参与者。缺锰会导致叶绿体解体，叶绿素含量下降，叶绿体产生的氧减少，且光合磷酸化作用减弱，糖和纤维素的合成也随之减少。

锰能提高植株的呼吸强度，增加二氧化碳的同化量，也能促进碳水化合物的水解。应该指出，需 Mn^{2+} 激活的酶没有专一性，它的作用往往可被其他离子（如 Mg^{2+}）所代替。缺锰和缺镁症状很类似，但部位不同。缺锰的症状首先表现在幼叶上，而缺镁的症状则首先表现在老叶上。

锰能促进种子萌发和幼苗早期生长，因为它对生长素促进胚芽鞘伸长的效应有刺激作用。锰不仅对胚芽鞘的伸长有刺激作用，而且能加快种子内淀粉和蛋白质的水解过程，促使单糖和氨基酸能及时供幼苗利用。供锰充足还能提高结实率，对幼龄果树提早结果有良好的作用。

锰对根系的生长也有影响，缺锰时植物侧根几乎完全停止生长。

2. 植物缺锰与锰中毒的症状

植物缺锰时，通常表现为新生叶片失绿并出现杂色斑点，而叶脉仍保持绿色。燕麦对缺锰最为敏感，常出现燕麦“灰斑病”，因此常用它作为缺锰的指示作物。豌豆缺锰会出现豌豆“杂斑病”（见彩图 12），并在成熟时，种子出现坏死，子叶表面出现凹陷。果树缺锰时，一般也表现为叶脉间失绿黄化。在成熟的叶片中，锰的含量为 10～20 mg/kg（干重）时，为植物缺锰的临界水平。低于此水平，植株的干物质产量、净光合量和叶绿素含量均迅速降低。缺锰的植株还表现出易受冻害的症状。

植物体内锰和铁之间的关系十分密切。在植物体内锰和铁的数量比例与两者的缺素症有密切关系。当植物吸收过量锰时，就会引起缺铁失绿症。

植物含锰量超过 600～700 mg/kg 时就可能发生毒害作用，但各种作物又有区别，甚至在同一种植物的不同品种间也可相差好几倍。锰中毒会诱发许多花卉缺钙，出现叶片皱褶（皱叶病）等现象。

六、钼

1. 钼的分布及营养功能

在 16 种必需营养元素中，植物对钼的需要量低于其他任何一种，含量为 0.1～300 mg/kg（干重计），通常含量不到 1 mg/kg。豆科作物含钼量明显高于禾本科作物。

豆科牧草含钼量较高，其种子含钼量约为 0.5～20 mg/kg，根瘤中含钼量也很高，因为豆科作物的根瘤有优先累积钼的特点，如豌豆根瘤中钼的含量比叶片高出 10 倍。谷类作物含钼量一般为 0.2～1 mg/kg，幼嫩器官中含钼量较高，叶片含钼量高于茎和根，叶片中的钼主要存在于叶绿体中。一般作物含钼量低于 0.1 mg/kg 会缺钼，而豆科作物低于 0.4 mg/kg 时就有可能缺钼。

2. 钼的失调症

植物种子含钼量有时可作为预测植物对钼反应敏感程度的指标。例如，当豌豆种子中钼的含量为 0.65 mg/kg 时，施钼肥没有反应；而含量为 0.17 mg/kg 时，施钼肥有良好肥效。又如在缺钼的土壤上，玉米种子含钼为 0.08 mg/kg 时，出苗正常；而含量为 0.03～0.06 mg/kg 时，幼苗即出现缺钼症状，若种子含量为 0.02 mg/kg 时，则会出现严重的缺钼症状。种子中有足够的钼，可以保证生长在缺钼土壤上的幼苗能正常生长并获得较好的产量。植物耐钼的能力很强，在大于 100 mg/kg 的情况下，大多数植物并无不良反应，甚至有些植物不仅能吸收相当多的钼，而且还能生长得很好。番茄植株中钼的浓度达 1 000～2 000 mg/kg 时，叶片上才会出现明显的钼中毒症状。

植物缺钼的共同特征是植株矮小，生长缓慢，叶片失绿，且有大小不一的黄色或橙黄色斑点，严重缺钼时叶缘萎蔫，有时叶片扭曲呈杯状。老叶片色泽变淡、变厚，黄化、焦枯，全株色泽变黄，落叶，以致死亡。十字花科的花椰菜，缺钼时最典型的症状是叶片明显缩小，呈不规则状的畸形叶，或形成鞭尾状叶，通常称为“鞭尾病”或“鞭尾现象”（见图 6—2）。鞭尾病是叶片局部组织坏死，以及在叶片发育早期维管束分化不完全造成的。柑橘缺钼表现为成熟叶片沿主脉局部失绿和坏死，即柑橘“黄斑病”。花椰菜新叶的“鞭尾病”和柑橘成熟叶的“黄斑病”虽然同属缺钼症状，但却反映了不同发育阶段局部代谢紊乱的特征。

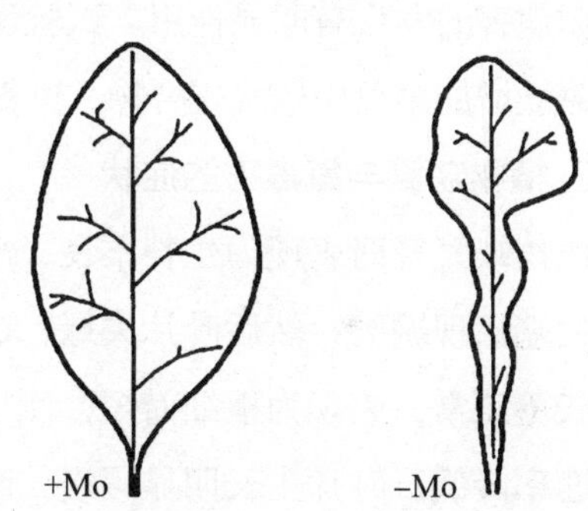

图 6—2　植物缺钼叶片的鞭尾现象（右边为缺钼）

豆科作物缺钼的症状与缺氮十分相似，老叶首先失绿，所不同的是严重缺钼的叶片，由于有 NO_3^-—N 的积累，致使叶缘会出现坏死组织，而且缺钼症状最先出现在老叶或茎中部的叶片上，并向幼叶及生长点发展，以致遍及全株。这与缺氮叶片只是均匀失绿、无斑点和不产生坏死组织是有区别的。豆科作物缺钼时，根瘤发育不良，根瘤小而且数量也少。各种作物对钼的需要量有很大区别，豆科作物需钼量最大，十字花科的花椰菜和甘蓝需钼量也很高，禾本科作物则需钼量较少。

植物缺钼多发生在酸性土壤上，缺钼常常伴生锰和铝的毒害，植物常因土壤中过多的 Mn^{2+} 和 Al^{3+} 存在而出现锰中毒或铝中毒。在酸性土壤上施用石灰可以提高钼的有效性，防止出现缺钼症状，但是在土壤缺钼时，只有施用钼肥才能起到提高产量和植株含钼量的作用，尤其是那些不需要调节 pH 值的土壤，更应通过施用钼肥来补充钼的不足。

七、氯

1. 氯的营养及生理功能

氯是一种比较特殊的矿质营养元素，它普遍存在于自然界，在 7 种必需的微量元素中，植物对氯的需要量最多。例如，番茄的需氯量是需钼量的几千倍。许多植物体内氯的含量很高，约为 340~1 200 mg/kg。大多数作物的生长过程中无明显的缺氯症状。氯的分布特点是：茎叶中多，籽粒中少。

氯参与光合作用。植物缺氯时，植物细胞的增殖速度降低，叶面积减少，生长量明显下降。氯对气孔的开张和关闭有调节作用，能提高细胞的渗透压和膨压，增强细胞吸水，并提高植物细胞和组织束缚水分的能力，从而能增强植物的抗旱能力。施用含氯肥料对抑制植物病害的发生有明显作用。试验证明，叶、根病害可通过增施含氯肥料而明显减轻。

氯能增加菜豆中碳水化合物、蔗糖和淀粉的含量。

2. 植物缺氯与氯毒害的症状

植物缺氯轻时表现为生长不良，严重时表现为叶片失绿、凋萎。番茄缺氯时，首先是叶片尖端出现凋萎，然后叶片失绿，进而叶片呈青铜色，逐渐由局部遍及全叶而坏死，根系生长不正常，表现为根细而短，侧根少，还表现为不结果。甜菜缺氯的症状是叶细胞的增殖速率降低，叶片生长明显缓慢，叶面积变小，并且叶脉间失绿。在大田中很少发现作物缺氯症状，实际上，氯过多是生产中的一个问题。

土壤中含氯化物过多时，对某些作物是有害的，常常出现氯中毒症。氯中毒的症状是：叶缘似烧伤，早熟性发黄及叶片脱落。各种作物对氯的敏感程度不同，剑麻、糖用甜菜、大麦、玉米、菠菜和番茄的耐氯能力强，而烟草、菜豆、马铃薯、柑橘、莴苣和一些豆科作物的耐氯能力弱，易遭受毒害。在通常情况下，氯的危害虽不会达到出现可见症状的程度，但却会抑制作物生长，并影响产量。对某些作物来讲，施用含氯肥料有时会影响产品的品质，如降低烟草的燃烧性，减少薯类作物的淀粉含量等。

思考与练习

1. 氮、磷、钾在植物体内的营养及生理功能各有哪些？
2. 氮、磷、钾缺素的主要症状各是什么？

实训十六　缺素症状的观察与描述

植物营养缺乏症状诊断是园林绿化树种及花卉等植物栽培、养护管理中的一项重要技术。通过对植株的外观形态特征观察，做出植物营养状况的客观判断，从而指导科学施肥。植物营养缺乏症状诊断是进行科学施肥的依据，在此基础上，对症下药，进行针对性施肥，才可能做到平衡合理的施肥。对园艺植物进行营养缺素症外观诊断，目前广泛地应用于生产实践中。

一、营养元素缺乏的外观特征

植物缺乏营养元素会出现各种症状。主要表现在植株的生长强弱快慢，分枝或分蘖的多少，叶片的大小、颜色、形状（起皱、扭曲、卷缩等），花果的多少，果实的形状、大小，果汁含量，酸甜程度，种子的发育好坏，生长点和根尖的正常与否等。

缺氮—植物营养生长势差，植株弱小，老叶片开始黄化、干枯乃至脱落，新叶片呈淡绿色。

缺磷—叶片暗绿色，光泽暗淡，下部叶片和叶柄出现红褐色斑点或红紫色斑点，直至干枯。

缺钾—老叶生黄褐色斑点，叶缘后期呈焦枯状，搓之易碎。

缺钙—新叶叶缘波浪状，叶缘变红黄，叶尖下勾，兰科植物花朵减少，甚至不开花。

缺镁—老叶黄化，初期叶脉间变黄，叶缘仍保持绿色，严重时黄化部位坏死，落叶。

缺硫—新叶呈淡黄色，叶型不变，植株变黄绿色。

缺铁—幼叶黄化，老叶绿色，叶片淡黄，不出现坏疽或坏死。

缺硼—新叶枯萎并陆续生长新芽又回芽枯萎，节间缩短，叶柄表皮有横裂纹，表皮龟裂呈横纹，维管束曲折，易出现横断裂，髓心变灰色至黑色，易折断。

缺锌—植株矮小，叶片变小，茎及枝条节间缩短，呈小叶、簇叶状，根生长不良，叶片脉间失绿黄化，生长点坏死。

缺锰—幼叶（次新叶）黄化，叶色淡绿或有灰褐色条纹（斑点），花褪色变淡，严重时叶片干枯坏死。

缺铜—嫩叶萎蔫，叶片尖端凋萎，叶片卷曲，严重时呈纸捻状，有白色斑点，花朵、果实发育异常，花褪色变淡。

缺钼—植株矮小，生长缓慢，老叶或茎中部的叶片有大小不一的黄色或橙黄色斑点，老叶色泽变淡，脉间失绿黄化，全株色泽变黄，落叶，并向幼叶及生长点蔓延，严重缺钼

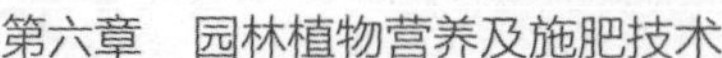

时全株叶片失绿，叶缘萎蔫，有时叶片向下卷曲，或呈鞭尾状叶。

缺氯—缺氯轻时表现为生长不良，严重时表现为叶片失绿、变厚、发皱，进而由局部遍及全叶而坏死，并向下卷曲凋萎。根系生长不正常，表现为根细而短，侧根少。

二、植物缺素症状检索

不同植物表现出的缺素症状既有共同之处，也有各自的特点，即使是相近的植物种类，对元素缺乏的反应也有差异。各必需营养元素移动性与缺素症出现部位的关系见表6—5。

表6—5　元素移动性与缺素症出现部位

移动性强弱	营养元素	缺素症出现部位
移动性较强的营养元素	氮、磷、钾、镁、锌等	老叶片
移动性差的营养元素	钙、硼、硫、铁、锰、钼、铜等	新叶片

外观诊断是识别植株营养状况的一个良好指标，快速实用，简单易行。植物常见典型缺素症状检索如下：

1. 缺素症在衰老的组织中，特别表现在下部老叶先出现

（1）衰老组织中不易出现斑点，影响到全株老叶明显变黄和死亡

1）新叶淡绿色，叶浅绿色，植株矮小，茎细，早衰，有的裂开，叶小，下部叶浅绿色，变黄色后转为褐色而枯死——缺氮。

2）茎叶暗绿色或呈紫红色，生育期延迟，有时下部叶脉（尤其是叶柄）黄色且带紫色，落叶早——缺磷。

（2）衰老组织中易出现斑点，经常局部影响较老的叶和下部的叶

1）叶边缘开始变黄，并继续向中间发展，叶尖及叶缘出现褐色斑点并焦枯，症状随生育期的延长而加重，最后坏死凋落——缺钾。

2）叶脉间明显失绿，叶脉为正常绿色，叶脉清晰，叶缘有波状皱褶，畸形，有色斑，下部叶黄化，后期坏死——缺镁。

3）叶片小，簇生，老叶片主脉两侧先出现斑点，茎及枝条节间缩短，生育期延迟——缺锌。

2. 缺素症在新生的幼嫩组织中先出现

（1）顶芽易枯死

1）叶尖弯沟状，并粘在一起，不易伸展，尖端和边缘坏死，顶端有弯曲，出现上述症状之前根已死亡——缺钙。

2）茎、叶柄粗壮，薄脆易碎裂，分生组织死亡，有增加分枝的趋势，花朵发育异常，生育期延长——缺硼。

（2）顶芽不易枯死

1）新叶黄化，呈淡绿色，叶脉色比叶中间淡，坏死较少，均匀失绿，老叶很少或不死亡，生育期延迟——缺硫。

2）叶脉间失绿，出现褐色斑点，并分散整个叶面，呈棋格状或最终呈网状，只有最小叶脉保持绿色，花小，色彩差，组织有坏死——缺锰。

3）嫩叶萎蔫，有白色斑点，花朵褪色，果实发育异常——缺铜。

4）叶脉间失绿，通常无坏死斑点，严重时整个叶片黄化甚至变白，边缘和顶部有坏死，有时向内发展，仅较大的叶脉保持绿色——缺铁。

5）植株矮小，生长缓慢，叶片基部变窄（鞭尾状叶），老叶色泽变淡，脉间失绿黄化，全株色泽变黄，落叶，并向幼叶及生长点蔓延——缺钼。

实训十七　植物营养液的配制及使用

营养液合理应用是名贵花卉栽培，特别是无土栽培技术的核心。植物营养液是根据不同植物对各种养分的需求特点以及吸肥特性，利用无机盐类肥料，按一定数量和比例人工配制成含有植物必需营养元素的溶液。无论是容器栽培，还是无土栽培方式，都需要用营养液来给作物提供养分，才能使植物具有较高的观赏价值。

一、营养液的配制方法

配制营养液一般配制浓缩贮备液（也称为母液）和工作营养液（也称为栽培营养液，即直接用来种植作物使用）两种。生产上一般将浓缩贮备液稀释成工作营养液，所以前者是为了方便后者而配制的，如果有大容量的容器或用量较少时也可以直接配制工作营养液。

1. 浓缩贮备液（母液）的配制

为了防止在配制浓缩贮备液时产生沉淀，不能将配方中的所有化合物放置在一起溶解，因为浓缩后有些离子的浓度乘积超过其溶度积常数会形成沉淀。而应将配方中的各种化合物进行分类，把相互不会产生沉淀的化合物放在一起溶解。因此，配方中的化合物一般分为三类，配制成的浓缩液分别称为 A 母液、B 母液和 C 母液。

A 母液以钙盐为中心，凡不与钙作用而产生沉淀的化合物均可放置在一起溶解。一般包括 $Ca(NO_3)_2$、KNO_3，浓缩 100～200 倍；

B 母液以磷酸盐为中心，凡不与磷酸根产生沉淀的化合物都可溶在一起，一般包括 $NH_4H_2PO_4$、$MgSO_4$，浓缩 100～200 倍；

C 母液是由铁和微量元素合在一起配制而成的，由于微量元素的用量少，因此其浓缩倍数可以较高，可配制成 1 000～3 000 倍液。

在配制各种母液时，母液的浓缩倍数一方面要根据配方中各种化合物的用量和在水中的溶解度来确定，另一方面以方便操作的整数倍为宜。浓缩倍数不能太高，否则可能会使化合物过饱和而析出，而且当浓缩倍数太高时，溶解也较慢。

配制浓缩贮备液的步骤：按照要配制的浓缩贮备液的体积和浓缩倍数计算出配方中各种化合物的用量，依次正确称取 A 母液和 B 母液中的各种化合物称量，分别放在各自的储液容器中，肥料分别加入，充分搅拌，并要等前一种肥料充分溶解后才能加入第二种肥料，待肥料全部溶解后加水至所需配制的体积，搅拌均匀即可。在配制 C 母液时，先量取所需配制体积 2/3 的清水，分为两份，分别放入两个塑料容器中，称取 $FeSO_4 \cdot 7H_2O$ 和 EDTA—Na_2 分别加入这两个容器中，搅拌溶解后，将溶有 $FeSO_4 \cdot 7H_2O$ 的溶液缓慢倒入 EDTA—Na_2 溶液中，边加边搅拌，然后称取 C 母液所需的其他各种微量元素化合物，分别放在小的塑料容器中溶解，再分别缓慢地倒入已溶解了 $FeSO_4 \cdot 7H_2O$ 和 EDTA—Na_2 的溶液中，边加边搅拌，最后加清水至所需配制的体积，搅拌均匀即可。

2. 工作营养液的配制

工作营养液是实际使用的营养液，由母液按一定比例配制而成。工作营养液配制原则是“先稀释，后混合”。利用母液稀释为工作营养液时，在加入各种母液的过程中，也要防止沉淀的出现。配制工作营养液的步骤为：在贮液池中放入大约需要配制体积的 1/2～2/3 的清水，量取所需 A 母液的用量倒入，开启水泵循环流动或搅拌器使其扩散均匀，然后再量取 B 母液的用量，缓慢地将其倒入贮液池中的清水入口处，让清水稀释 B 母液后带入贮液池中，开启水泵将其循环或搅拌均匀，此过程所加的水量以达到总液量的 80% 为度。最后量取 C 母液，按照 B 母液的加入方法加入贮液池中，经水泵循环流动或搅拌均匀即完成工作营养液的配制。

在生产中，如果一次需要的工作营养液量很大，则大量营养元素可以采用直接称量配制法，而微量营养元素可采用先配制成 C 母液再稀释为工作营养液的方法。具体的配制步骤为：在种植系统的贮液池中放入所要配制营养液总体积约 1/2～2/3 的清水，称取相当于 A 母液的各种化合物，放在容器中溶解后倒入贮液池中，开启水泵循环流动。然后称取相当于 B 母液的各种化合物，放入容器中溶解后，用大量清水稀释后缓慢地加入贮液池的水源入口处，开动水泵循环流动。再量取 C 母液，用大量清水稀释，在贮液池的水源入口处缓慢倒入，开启水泵循环流动至营养液均匀为止。

在日本和荷兰等欧美国家，现代化温室中进行大规模无土栽培生产时，一般采用 A、B 两母液罐，A 罐中主要含硝酸钙、硝酸钾、硝酸铵和螯合铁，B 罐中主要含硫酸钾、硝酸钾、磷酸二氢钾、硫酸镁、硫酸锰、硫酸铜、硫酸锌、硼砂和钼酸钠，通常制成 100 倍的母液。为了防止母液罐出现沉淀，有时还配备酸液罐以调节母液酸度。整个系统由计算机控制调节，稀释、混合形成灌溉营养液。

二、营养液配制的操作规程

为了避免在配制营养液的过程中出现差错而影响到植物的栽培效果，需要建立一套严格的操作规程，内容应包括：

1. 营养液原料的计算过程和数据要确保准确无误，计算结果要多次核对，避免出错。

2. 保证称量的准确性。称取各种原料时，要按照配方反复核对称取数量，保证所称取的原料名称相符，称量准确，切勿张冠李戴。

3. 各种原料在分别称好之后，一起放在配制场地的规定位置，核查无误后，才可动手配制。切忌在药剂未配齐的情况下匆忙动手操作。

4. 建立严格的记录档案，将配方、配制日期和配制人员及分工详细记录下来，备查。

三、注意事项

为了防止母液产生沉淀，在长时间贮存时，一般可加硝酸或硫酸将其酸化至 pH 值为 3～4，同时应将配制好的浓缩母液置于凉爽避光处保存，C 母液最好用深色（不透光）容器贮存。

在直接称量营养元素化合物配制工作营养液时，在贮液池中加入钙盐及不与钙盐产生沉淀的盐类之后，不要立即加入磷酸盐及不与磷酸盐产生沉淀的其他化合物，而应在水泵循环大约 30～60 min 之后再加入。加入微量元素化合物时也要注意，不应在加入大量营养元素之后立即加入。

在配制工作营养液时，如果发现有少量的沉淀产生，就应延长水泵循环流动的时间以使产生的沉淀溶解。如果发现由于配制过程中加入化合物的速度过快，产生局部浓度过高而出现大量沉淀，并且通过较长时间开启水泵循环之后仍不能使这些沉淀溶解时，应重新配制营养液，否则在种植作物的过程中可能会由于某些营养元素沉淀而失效，最终出现营养液中营养元素的缺乏或不平衡而表现出生理失调症状。例如微量元素铁被沉淀之后，易出现植物缺铁失绿症状。

在使用营养液时，必须了解营养液中所含营养元素的种类、数量、配比以及各种肥料溶解度的大小和营养液的酸碱度等影响作物吸收营养元素的因素等，才能根据各种作物品种以及各种作物不同的生育期来及时而有效地提供作物生长所需的养分，才能降低成本，提高产量，提高经济效益。所以，营养液配制的好坏是无土栽培技术的关键，只有熟练地掌握营养液配制技术，才能提高无土栽培的水平和经济效益。

第三节
肥料与施肥技术

教学目标

◇了解各种肥料特性，能够根据土壤及植物需肥特性，合理选择使用肥料
◇掌握施肥的基本原理，对园林植物进行针对性施肥和平衡施肥
◇掌握施肥的方式方法，进行合理施肥，提高肥料利用率

在植物生产中，凡是能够直接或间接供给植物养分，改善土壤性状，以提高植物产量和品质的物质统称为肥料。

一、肥料的分类

一般肥料根据其物质组成和作用可以分为三类。

1. 有机肥料

有机肥料是指含有大量有机物的肥料。其特点是有机物质多，营养元素齐全，来源广，积制方便，种类多。包括粪（尿）肥、堆沤肥、秸秆、厩肥、杂草堆肥、绿肥、泥肥、草炭类、饼肥类、三废类的垃圾、污水、杂肥、骨粉、蹄角等。有机肥料具有养分完全，肥效长，保肥，缓冲，改良土壤等作用特点（见图 6—3）。

2. 无机肥料

以矿物、空气、水等为原料，经化学合成和机械加工制成的肥料，包括各类化肥和机械加工后而成的肥料。按营养元素组成分为单质肥料和复混肥料、微量元素肥料、稀土肥料（具有稀土元素标明量的肥料，如常用的硝酸稀土肥料）。

无机肥料的特点是成分较单纯，养分含量高（1 kg 碳酸铵按含氮 17% 计相当于 10~15 kg 粪肥），肥效快、易吸收，体积小、施用储运方便，对园林植物特别适合，值得提倡发展（见图 6—4）。

图 6—3　有机肥料

图 6—4　无机肥料（长效缓释尿素）

3. 生物肥料（菌肥）

生物肥料是利用土壤中有益微生物制成的肥料，也称菌肥或微生物肥料。常用种类有根瘤菌肥料、固氮菌肥料、磷细菌肥料、生物钾肥等。其作用特点是改善作物营养条件，参与养分的转化，促进植物对养分的吸收，刺激植物根系发育，抑制有害微生物的活动等。生物肥料本身含养分很少，用量也很少，但能促进土壤养分的充分利用。

二、园林植物栽培中常用的复混肥料

1. 复混肥料概念及特点

（1）概念　复混肥料是指同时含有氮、磷、钾三要素中的任何两种或两种以上主要营养元素的化肥。复混肥料在世界的应用始于 20 世纪 20 年代，目前一些发达国家使用量约占化肥消费总量的 70%，复混肥料在我国最初应用于 20 世纪 70 年代，目前使用量约占化肥消费总量的 20%。目前，复混肥料的发展趋势是高效化、复合化、液体化、缓效化。

（2）分类　按制造方法可以分为复合肥料和混合肥料。前者是采用一定的工艺流程和化学反应而制得的复合肥料；后者是将几种单质肥料机械地混合在一起而形成的复合肥料。按所含元素可分为二元、三元及多元复混肥料。

（3）复混肥料的表示方法

1）分析式。$N-P_2O_5-K_2O$ 表示肥料中 N、P_2O_5、K_2O 的含量（百分数）。如 20—20—20 表示此肥料含 N 20%、P_2O_5 20%、K_2O 20%。

2）配合式。N∶P∶K 表示肥料中 N、P_2O_5、K_2O 的比例。如 N∶P∶K 为 2∶1∶2，表示 N∶P_2O_5∶K_2O 的数量比为 2∶1∶2。

（4）分级标准（见表 6—6）

表 6—6 混合肥料分级标准

混合肥料	总有效养分含量	级别
三元	>40%	高浓度复混肥料
三元	30%～40%	中浓度复混肥料
三元	25%～30%	低浓度复混肥料
二元	≤ 25%	低浓度复混肥料

（5）复混肥料的优缺点

优点：1）养分含量高、副成分少；2）含有氮、磷、钾三要素（或更多养分）；3）肥料的理化性状得到了改善；4）节省肥料的生产、储存、运输、施用费用，省工；5）可将科学施肥运用于肥料的生产和施用之中。

缺点：1）养分的组成固定；2）难于满足不同作物、同一作物的不同生育期对养分的不同需求；3）难以满足不同养分对施肥技术的要求，在肥源有限的情况下，难以发挥肥料的最大增产效益。

2. 园林植物常用肥料的主要品种和性质

园林植物常用肥料的主要品种和性质见表 6—7。

表 6—7 园林植物常用肥料的主要品种和性质

名称	成分	性质	施用
磷酸铵	磷酸一铵和磷酸二铵的混合物，含 N14%～18%，$P_2O_5$46%～52%	灰色粉末或灰白颗粒，吸湿性小，水溶性，化学中性	适合各种土壤和作物（尤其是需磷较多的），可作基肥、种肥和追肥，也适合作其他复肥的原料
磷酸二氢钾	KH_2PO_4，0-52-35	白色结晶，易溶于水，化学酸性	适宜各种土壤、作物，多作叶面喷施（0.1%～0.3%）或浸种（0.2%）
硝酸磷肥	因加工方法而异（氮素主要为硝态氮）	溶解性好，吸湿性强	可作基肥、种肥和追肥，宜在北方旱地施用
硝酸钾	KNO_3，14-0-46	白色结晶，吸湿性小，易溶于水，化学中性	适于忌氯喜钾作物，如烟草、葡萄等，宜作浸种（0.2%）和根外追肥（0.6%～1.0%）；适宜在园林植物育苗及无土栽培介质中作氮源和钾源
硫酸钾	含 K_2O 为 48%～52%	白色或灰白色的结晶，易溶于水，速效	适用于球根、块根、块茎花卉，一般作基肥效果好，也可用 1%～2% 的水溶液施于土壤中作追肥
氯化钾	含 K_2O 为 50%～60%	白色结晶，易溶于水，属生理酸性肥料	可作基肥和追肥。用量 1%～2%。球根和块根作物忌用

3. 园林植物常用微肥的使用方法及其使用量

园林植物常用微肥的使用方法及其使用量见表 6—8。

表 6—8　园林植物常用微肥的使用方法及其使用量

名称	浸种浓度（%）	拌种用量（g/kg 种子）	根外喷施浓度（%）
硼酸	0.01～0.05	1～2	0.04～0.1
硼砂	0.05～0.1	1～4	0.05～0.2
硫酸锌	0.02～0.1	2～6	0.05～0.2
钼酸铵	0.05～0.1	2～6	0.05～0.1
硫酸锰	0.05～0.1	4～8	0.05～0.1
硫酸铜	0.01～0.05	1～2	0.02～0.04
硫酸亚铁	—	—	0.75～1
硫酸亚铁铵	—	—	0.75～1

三、施肥原理

1. 养分归还学说

养分归还学说是 19 世纪德国杰出的化学家李比希提出的，也叫养分补偿学说。其主要论点是：作物从土壤带走养分，土壤中的养分将越来越少，因此，要恢复地力就应该向土壤施加养分，归还从土壤中拿走的全部东西，不然产量就会下降。其意义在于强调了施肥（养分归还）的重要性。

养分归还学说作为施肥基本原理是正确的，它改变了过去局限于低水平的生物循环，通过增施肥，扩大了这种物质循环，从而为提高产量提供了物质基础。但它也存在不足和片面的地方，一是有重点地归还养分是对的，但全部归还则是不经济和不必要的，如果土壤耕层积累了丰富的养分，在一段时间内某些养分可以减少或不施；二是忽视了豆科作物有固氮作用。此学说片面地认为作物轮换只能减缓土壤耗竭和更加协调地利用土壤现存的养分而已；三是只着眼于磷、钾等矿质元素上，忽视了增施氮肥和厩肥。生产实践证明，氮肥的增产作用是显著的，仅靠自然归还是不够的。总之，随着养分归还学说在生产实践中地不断充实和完善，在指导施肥方面意义深远。

2. 最小养分律

最小养分律是指产量高低受作物最缺乏的养分制约，在一定程度上产量随这种养分的增减而变化。可以用木桶原理解释：把桶里的水看作作物产量，每一块木条看作一种养分，水（产量）的多少则取决于最短的木条（最缺乏的养分）（见图 6—5）。在施肥实践

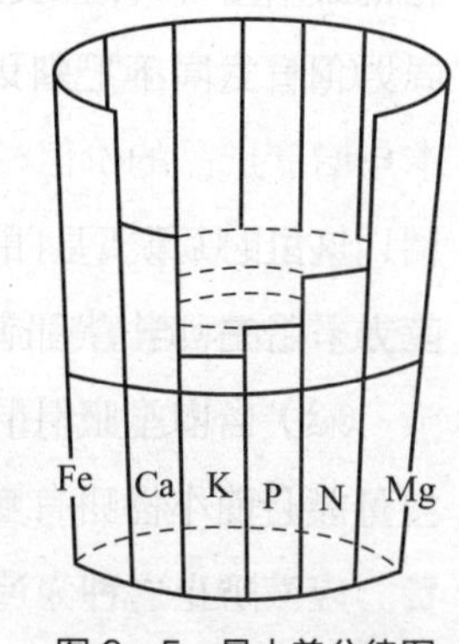

图 6—5　最小养分律图

中应掌握以下几点：

（1）最小养分是指土壤中相对含量最少，不是土壤中绝对含量最少的那种养分。

（2）最小养分不能用其他养分代替，即使其他养分增加再多，也不能提高产量。

（3）最小养分是变化的，它是随作物产量水平和化肥供应数量而变化的。

（4）最小养分不是单一的作用，必须同时改善影响作物生育的其他因素和其他营养元素。

最小养分是相对于作物来说，是土壤中供应能力最差的那种养分。最小养分也常变化，我国在 20 世纪 50 年代氮素最感不足，施用氮肥后作物产量迅速提高；60 年代磷素不足成了增产的限制因素，施用磷肥后作物明显增产；70 年代我国南方缺钾的问题又突出表现出来；80 年代在某些地区和地块，锌、硼、锰等微量元素成了最小养分，由上可见，要用发展的观点来认识最小养分律，抓住不同时期、不同作物、不同地点的主要矛盾，以此决定施用什么肥料。但是，随着农业生产的发展，土壤往往从一种发展到多种养分不足，在增施土壤中最小养分时，还要同时施用土壤中其他不足的养分，甚至改善影响作物生育的其他因素，化肥的肥效才能充分发挥。在施肥上，最小养分律提示人们既要注重针对性施肥，又要注重平衡施肥。

3. 报酬递减律

报酬递减律是假定其他生产要素相对稳定的条件下，随着施肥量的增加，每单位化肥量增加的产量下降。在某一阶段的生产中，一般来说，生产要素总是保持相对稳定的状况，在这种情况下报酬递减律是客观存在的。

按报酬递减律，过量施肥会造成经济效益下降。因此在施肥时要选择适宜用量，施肥过少则化肥增产的潜力尚未发挥出来，施肥过多虽可能获得高产量，但计算经济效益，很可能是增加化肥的成本，导致增产不增收。报酬递减率的计算方法如下：

（1）当增施肥料的增产量 × 产品价格大于增施肥料量 × 肥料价格时，这种情况下施化肥增产又增收，一定要按此施肥。

（2）当增施肥料的增产量 × 产品价格等于增施肥料量 × 肥料价格时，此时肥料成本与增产产品的价值相同，但计算施肥的总收益此时最高，一般把这一施肥量叫最佳施肥量，这里必须说明：最佳施肥量时的作物产量往往是最高产量的 90% ~ 95% 左右。这是应当采用的科学合理施肥量。

（3）当增施肥料的增产量 × 产品价格小于增施肥料量 × 肥料价格时，此时增施的肥料可能会使作物略有增产，甚至达到最高产量，但却因成本增加使得总收益下降，造成浪费。应该防止这种为追求最高产量而以较高的肥料投入去换取微小的增产。

报酬递减律提示人们施肥要有限度，不是施肥越多越增产；在肥源有限的情况下，应该优先将肥料施在低产地块上；超过合理施肥量上限就是盲目施肥，还会造成肥害和污染。

四、园林植物施肥

1. 施肥的目的和作用

（1）提供补充植物所需的营养元素，满足植物的生长要求，提高产量和观赏价值。

（2）促进植物生长，提高产量，改善植物产品品质。

（3）改良土壤，提高土壤肥力。

2. 施肥方式

施肥方式分为基肥、种肥和追肥三种。

（1）基肥　基肥也称为底肥，它是在播种、移栽或定植前，结合整地施用的肥料。它一方面能培肥或改良土壤，另一方面可供给植物整个生长发育时期所需要的大部分养分。通常多用有机肥料（堆肥等农家肥料），配合一部分化学肥料作基肥。基肥的施用应按照肥土、肥苗、土肥相融的原则施用。

（2）种肥　种肥是播种或幼苗定植时施用的肥料，也可用于浸种、拌种。其作用是给种子萌发和幼苗生长创造良好的营养条件和环境条件。因此，应尽量选择对种子或根系腐蚀性小或毒害轻的肥料。凡是浓度过大、过酸或过碱、吸湿性强、溶解时产生高温及含有毒性成分的肥料均不宜作种肥施用。例如尿素、碳酸氢铵、硝酸铵及过磷酸钙等均不宜作种肥。

（3）追肥。追肥是在植物生长发育期间为满足植物在需肥临界期的需求追加施入的肥料。其作用是促进植物进一步生长发育，提高产量和改善品质。可通过各种方法施用，多用根外追肥方法。一般以速效性化学肥料或充分腐熟的有机肥作追肥。

3. 施肥方法

（1）撒施。将肥料均匀地撒于土壤中，土肥相融。适用于栽植密度大的植物施肥，如草坪。

（2）条施。开沟施肥，适用于株距小、行距大的行播植物施肥。

（3）穴施。适用于株、行距都比较大的穴播植物施肥，如小树苗。

（4）环状施。开环状沟施肥，适用于大树施肥。大树施肥也可采用放射状沟施。

（5）浇灌施肥。也叫冲施，将肥料溶解于灌溉水中，结合灌溉施肥。

（6）叶面喷施（根外追肥）。将水溶性肥料配制成适合的浓度，喷施于植物叶面。

叶面喷施是保持园林植物较高观赏价值的必要手段，节省肥料，效果好，见效快，在以下四种情况下适合采用：1）气温升高，土壤温度较低，根系尚未正常活动。2）苗木刚定植或移栽，根系受伤未愈，吸收能力较差。3）在土壤中易被固定的肥料。4）用量少的肥料，特别是微量元素肥料等。

（7）拌种、浸种、蘸根、干注等。

思考与练习

1. 什么是复混肥料？其有效成分如何表示？按照生产过程可以分为几类，各有何特点？

2. 简述复混肥料的发展趋势。

3. 复混肥料的优缺点有哪些？

4. 如何正确地施用磷酸铵？

实训十八　复混肥料配制原料用量计算

1. 现生产 10—5—10 的三元复混肥料 1 t，选用氯化铵（含 N25%）、过磷酸钙（含 P_2O_5 12%）和氯化钾（含 K_2O 60%）为原料，试计算各种原料的用量。

氯化铵：10%×1 000 kg÷25%=400 kg

过磷酸钙：5%×1 000 kg÷12%=416.7 kg

氯化钾：10%×1 000 kg÷60%=166.7 kg

三者合计为 983.4 kg，其余 16.6 kg 可加泥炭、磷矿粉、硅藻土等填料至 1 000 kg，混匀成型。

2. 以硫酸铵（含 N 20%）、过磷酸钙（含 P_2O_5 20%）、氯化钾（含 K_2O 60%）和钾盐（含 K_2O 12%）为原料，配制 10—5—5 三元复混肥料 1 t。在配制混合肥料时不能添加任何填充物，试计算各种肥料的用量。

1 吨混合肥料中含 N：1 000×10%=100 kg

含 P_2O_5：1 000×5%=50 kg

含 K_2O：1 000×5%=50 kg

硫铵：100÷20%=500 kg

过磷酸钙：50÷20%=250 kg

两者之和为 750 kg，其余 250 kg 用氯化钾和钾盐调整。

设氯化钾用量为 X，则钾盐的用量为 250-X。

根据 0.6×X+0.12×（250-X）=50，可得 X=42 kg。即氯化钾用量为 42 kg，钾盐的用量为 208 kg。

以 500 kg 硫铵、250 kg 过磷酸钙、42 kg 氯化钾、208 kg 钾盐混合，即成 10—5—

5 三元复混肥料 1 t。

实训十九　园林植物施肥

一、草坪施肥

草坪的健壮生长需要充足的营养成分，尽管土壤中已含有这些养分，但数量不足，仍需继续施肥。由于气候、土壤和草种的差异，合理的方法是速效和缓效氮肥结合施用，宜在生长旺盛期施肥。冷季型草的最佳生长温度为 15.5～26.5℃，在北方气候条件下，一般春、秋季为生长旺盛期，而盛夏则生长缓慢。

1. 施肥工具

最常用的施肥工具为液体施肥机和旋转式或撒施式施肥机。喷液机易于使用，但难以均匀施肥。旋转式施肥机是目前最有效的施肥设备，可以使用其撒肥，能快速将肥料均匀地施在较大面积的土壤上。

2. 施肥时机

基肥适宜的施肥时间是晚春，在播种前结合整地撒施。追肥是在成坪后施用。进入夏季，追肥应以磷肥、钾肥为主，增强抗逆性，以防草坪草徒长和发生病害。秋、冬季追肥时禁施氮肥，应施用磷肥、钾肥，提高草坪草抗寒性，延长绿色期。

3. 施肥用量和方法

基肥用量为三元复混肥 5～10 g/m^3，撒施。成坪后追肥用量为磷、钾复混肥 5～8 g/m^3，撒施或浇灌施肥。

4. 施肥步骤

（1）选用合适的化肥。一般选择 10—5—5 三元复混肥料，可自制或购买优质草坪化肥。

（2）根据地块的面积准确称量肥料。

（3）将所称量肥料的 80%～90%装入旋转式施肥机中，剩余部分补施边角地带。

（4）撒施肥料。

（5）用手撒肥，补匀边角地带。

（6）施肥后立即浇水，以提高肥效。

5. 注意事项

为确保施肥均匀，达到最佳施肥效果，需注意以下几点：

（1）打开施肥机前应首先开始移步，止步前先关闭施肥机。

（2）行走的间距要一致，快慢要均匀。

（3）所有地块要全施到，不要遗漏。

（4）使用旋转式施肥机时避免使用大颗粒的肥料产品。

（5）施肥后立即浇水可以提高肥效，最好在下雨前施肥。

二、盆栽花卉施肥

盆花施肥是否合理，决定着盆栽植物观赏价值的高低。盆栽植物由于长期生长在盆钵之中，根系生长受到盆土限制，摄取营养的范围较小，必须有充分的肥料供给才能保证正常生长发育，所以施肥就显得更为重要。盆花施肥要求适时适量，在花卉幼苗迅速生长阶段，要及时施肥，否则幼苗会发育不全，生长瘦弱。在孕蕾开花阶段，如果养分不足，会造成开花少，花色不艳丽；若施肥过量，会出现肥害，落蕾，严重时会出现“烧苗”现象。因此要掌握“薄肥勤施、看苗施肥”的盆花施肥原则，合理、适时、适量地施肥。

1. 施肥方式

盆花施肥有基肥和追肥两种施肥方式。

（1）基肥　基肥即在种植、移栽前施入土壤中的肥料。基肥以有机肥为主，辅以化肥。其中化肥用量一般是盆土（栽培介质）重量的 1%～2%。

（2）追肥　追肥即在花卉生长季节追施的肥料。追肥都在花木生长时期施用，一般半个月左右施用 1 次，数量不要太多。盆栽花卉追肥大都采用浇稀薄矾肥水为主。矾肥水是把碎骨块、豆粉、淘米水、麻酱渣等放入大缸中，每 50 kg 水加入 500 g 硫酸亚铁（黑矾），投入大缸内，加水上盖，放置日光下，经高温腐熟即可使用。矾肥水施用时再加水稀释浇灌，有促进叶色浓绿、增强叶面光泽的作用，适用于所有的盆栽花卉，特别适用于喜酸性土壤的花卉。

2. 施肥原则

盆花要想枝叶茂盛、花硕色艳，除注意掌握盆土密度和水气比例外，还需要合理施肥，施肥必须掌握“四看”“四忌”的原则。

“四看”：看长势，瘦弱叶黄、蕾前花后应施肥；叶绿茎壮、花硕芽长、休眠徒长应少施或不施肥；看天气，春夏多施入秋减，寒冬停肥宜休眠，阴雨风天不施肥，傍晚施肥避强光；看盆土，酸土中和碱（施草木灰等碱性肥），碱土加黑矾，泛白加肥添，团粒元素全；看花的类别，草本磷首选，球根钾肥先，木本花卉肥完全。

“四忌”：一忌过量施浓肥；二忌肥大烧根须；三忌偏施单一肥；四忌未熟有机肥。

3. 注意事项

施肥要掌握适时适量，盆栽花卉施肥应采取“薄肥勤施”的原则，一般从开春到立秋，可每隔 7～10 天施 1 次稀薄的肥水，立秋后可 15～20 天施 1 次。施肥后应立即用水喷洒叶面，以免残留肥液污染叶面，施肥次日一定要浇水。

三、大树施肥

园林树木施肥是保持和提高其观赏价值及生态效益的重要措施，主要采用以下几种方法施肥。

1. 环状施肥

环状沟应开于树冠外缘投影下，宽 20～30 cm，深约 30～50 cm，以达根层为宜。施肥量大时，沟可挖宽挖深一些，施肥后及时覆土。这种方法适用于稀疏的绿化树种，密植的树林不宜使用。

2. 放射沟（辐射状）施肥

由树冠下向外开沟，里面一端起自树冠外缘投影下稍内，外面一端延伸到树冠外缘投影以外。沟的条数为 4～8 条，一般为 6 条，宽与深由肥料多少而定，施肥后覆土。这种施肥方法伤根少，能促进根系吸收，密植树林不宜使用。下一次施肥时，沟的位置应错开。

3. 全园施肥

先把肥料全园铺撒开，与土混合或翻入土中。生草条件下，把肥撒在草上即可。这种方法施肥面积大，利于根系吸收，适用于密植树。

4. 根外追施

根外追施包括叶面喷施、枝干注射等。生产上以叶面喷施的方法最为常用，肥料浓度为 0.1%～1.0%，一般为 0.3%。枝干注射先向树干上打钻孔（ϕ0.8 cm，深度达木质部为宜），再将营养液瓶长嘴插入孔内滴注。枝干注射用于硫酸亚铁（1%～2%）和螯合铁（0.05%～0.1%）防治枣树缺铁症，同时加入硼酸、硫酸锌效果很好。凡是在土壤施肥效果不好的情况下，均可用枝干注射方法施肥。

5. 浇灌施肥

浇灌施肥是将肥料通过结合浇水进行大树施肥的一种方法。具体操作是将肥料溶解在水中，浇于树盘内，要求用水溶性肥料。

彩图 1　彩叶竹芋缺氮症状

彩图 2　松树缺磷症状

彩图 3　亚麻磷的丰缺对照（右边施用磷肥）

彩图 4　红掌缺钾症状

彩图 5　康乃馨钾元素的丰缺对照（左边施用钾肥）

彩图 6　果树缺铁症状

彩图 7　苹果树缺铁症状

彩图 8　杜鹃缺铜植株与正常植株对照（左边的为缺铜，右边的为施用了铜肥）

彩图 9　果树缺锌的“小叶病”和“簇叶病”（中、右）